잘 노는 애
안 노는 애
못 노는 애

잘 노는 애 안 노는 애 못 노는 애
아이들의 관계 맺집을 키우는 놀이 수업

글쓴이 | 얼씨구(김회님)   그린이 | 최광민
펴낸이 | 곽미순   편집 | 윤도경   디자인 | 이순영

펴낸곳 | 한울림   기획 | 이미혜   편집 | 윤도경 윤소라 이은파 박미화
디자인 | 김민서 이순영   마케팅 | 공태훈 옥정연   제작·관리 | 김영석
등록 | 1980년 2월 14일(제318-1980-000007호)
주소 | 서울시 영등포구 당산로54길 11 래미안당산1차아파트 상가

대표전화 | 02-2635-1400   팩스 | 02-2635-1415
홈페이지 | www.inbumo.com   블로그 | blog.naver.com/hanulimkids
페이스북 책놀이터 www.facebook.com/hanulim   인스타그램 | www.instagram.com/hanulimkids

첫판 1쇄 펴낸날 | 2018년 10월 13일
3쇄 펴낸날 | 2019년 6월 10일
ISBN 978-89-5827-118-5 13590

이 도서의 국립중앙도서관 출판예정도서목록(CIP)은 서지정보유통지원시스템
홈페이지(http://seoji.nl.go.kr)와 국가자료공동목록시스템(http://www.nl.go.kr/kolisnet)에서
이용하실 수 있습니다. (CIP제어번호: CIP 2018029011)

잘 노는 애 안 노는 애 못 노는 애

아이들의 관계 맷집을 키우는 놀이 수업

얼씨구 지음 최광민 그림

한울림

 시작하며

　노는 만큼 성공한다? 상식을 깨는 역설 같지만 서서히 인식의 틀이 바뀌고 있다. 무엇보다 공부와 성공이 비례하지 않는다. 사실 공부를 잘하는 아이가 성공하고, 공부를 안 하고 놀기만 하는 아이는 인생의 패배자가 된다는 인생 공식 같은 건 애초부터 없었다. 잘 놀았던 아이들이 인기도 많고, 사업도 성공하며, 직장 생활도 잘하는 경우를 많이 본다.

　아이들에게 놀이는 본능이고, 산소이며, 비타민이다. 놀이를 통해 아이들은 끊임없이 모험하고 도전한다. 다쳐도 보고 부딪쳐보면서 관계를 맺고, 싸우고 갈등하면서 관계의 기술을 발전시킨다. 팀을 나누어 놀이를 하면서 타인과 사회를 알고, 협력의 힘을 배운다. 나, 너, 우리를 알고 세상 살아가는 법을 배우며 인생의 참 공부를 한다.

　하지만 요즘 아이들은 놀 시간도, 놀이를 할 공간도 너무나 부족하다. 학교와 집과 학원을 오가느라 늘 시간에 쫓기다 보니, 놀이터에서 아이들이 노는 시끌벅적한 소리가 사라진 지 오래다. 부모들은 아이가 놀이하는 시간을 공부하는 시간보다 가치 없다고 여긴다. "놀지 말고 공부해라." "왜 그렇게 놀기만 하고 공부를 안 하니." "만날 놀기만 하니까 그 모양이지." 등등 놀이가 공부의 반대말로, 놀면 실패한다는 의미로 쓰이고 있다.

지금 대한민국 아이들의 행복지수는 형편없이 낮은 수준이다. 고2가 되고 고3이 되도록 꿈이 없는 아이가 부지기수로 많다. 과도한 학업 스트레스로, 대학 입시에서의 실패로, 극심한 학교 폭력과 왕따로 꽃다운 나이에 스스로 생을 마감하는 아이들도 많다. 참으로 안타까운 일이다.

아이를 하나만 낳아 키우는 시대가 되면서 아이들이 점점 이기적이 되어간다. 타인과의 갈등을 풀어내는 마음의 기술도 갈수록 약해지고 있다. 화가 난다고 친구의 얼굴에 침을 뱉는 아이가 있는가 하면, 친구를 마구 때리는 아이도 있다. 아이들의 폭력성이 걱정할만한 수준에 이르고 있다.

이 모두가 한창 자랄 나이에 충분히 놀지 못해서 생긴 현상이 아닐까? 친구들과 어울려 함께 놀아도 보고 부딪쳐보기도 하는 경험이 부족하다 보니 이런 현상이 더 많이 생겨나는 것은 아닐까?

이 책은 내가 지난 20여 년간 놀이를 통해 만나온 아이들의 실제 사례를 담고 있다. 학교와 지역아동센터, 그리고 특수학교에서 놀이 수업을 해오면서, 그리고 내가 몸담고 있는 〈사단법인 놀이하는사람들〉에서 진행하는 놀이 캠페인과 놀이문화운동을 통해서 나는 무수히 많은 아이들을 만나왔다. 그 과정에서 도전과 모험을 주저하고, 관계에서 어려움을 겪고, 마음에 상처를 입은 아이들이 놀이를 통해 어떻게 변화하고 성장해나가는지를 수없이 목격했다.

1~3장은 그중 특별히 기억에 남는 아이들의 사례를 모은 것이다. 놀이라는 비일상에서 아이들은 도전과 모험을 마음껏 감행하면서 스스로에 대한 믿음과 유능감을 키워나갔다. 누가 조금만 건드려도 "괴롭힌다."고 하소연하던 어느 아이는 놀이를 통해 다양한 성향의 아이들과 어울리면서 관계에서 생기는 어려움을 견딜 수 있는 맷집을 얻었다. 늘 혼자 놀던 왕따 아이가 팀의 영웅이 되고, 놀이를 잘하지 못하던 아이가 호랑이처럼 적극적인 전투정신을 발휘하게 된 사례도

있다. 모두 놀이에는 마법 같은 힘이 있기에 가능한 일이다.

4~5장은 우리 아이들이 당연히 누려야 할 놀 권리와 그럼에도 불구하고 너무나도 저평가되고 있는 우리나라 놀이문화에 대한 나의 고민과 사유를 담고 있다. 놀이활동가로서 내가 놀이 현장에서, 그리고 일상에서 직접 경험하고 부딪친 사례를 함께 담았다. 부족하나마 대안도 제시했다.

나는 꿈꾼다. "잘 노는 걸 보니 너 참 크게 되겠구나.""잘 노는 걸 보니 넌 커서 사회성이 참 좋겠구나.""잘 노는 걸 보니 잘살겠네."라는 말이 넘치는 세상을 말이다. 또한 머지않아 그 꿈이 실현될 것이라고 나는 믿는다.

내가 놀이를 통해 만난 아이들의 사례를 통해 나의 이 믿음 씨앗이 한 알이라도 독자들에게 전해질 수 있다면 그것으로 나는 만족한다.

차례

시작하며

1장 놀이, 그 짜릿한 모험과 일탈

"우리 반에서 가장 빠른 일진(?)을 제가 쳤어요" 13
굽혔다 폈다 굽혔다 폈다 17
"이 놀이 X나게(?) 재밌다" 22
사기 치기, 죽이기, 해방구 만들기 30
호랑이 굴에 들어가야 호랑이를 잡지 35
왕과 꼴찌의 순환구조, 왕과 거지 41
아이들에게 도전과 모험을 허락하라 45

2장 놀이로 키우는 관계의 맷집

선생님, 쟤가 괴롭혀요 53
'눈물 나는 엉덩이'와 '폭소폭탄 엉덩이' 58
넌 언제나 내 단짝이야 63
"딱지놀이를 하다 보면 스트레스가 쌓여요" 68
반칙왕의 최후 73
일단 내가 살고 보자 79
나는 개뼈다귀 놀이가 좋다 83

3장 놀이, 그 소중한 회복과 치유

화내기 대장이 달라졌어요   91
미안해, 진심으로 미안해   97
'감'을 두 개 줄 거야   104
영웅이 된 왕따   109
엄마가 있는 사람을 사랑합니다?   117
검피 아저씨의 뱃놀이   122

4장 아이들의 놀 권리

우리도 숨 쉬고 싶어요   133
누구를 위한 놀이인가요?   139
놀면서 공부하는 학교   144
창의성과 공동체 의식이 살아나는 놀이터   150
'놀이의 날'이 국경일이 될 때까지   156

5장 놀이하는 공동체를 위하여

마을에 놀이길을 그리다   165
시끄러우니까 딴 데 가서 놀라고요?   170
나와 너, 우리를 이어주는 신비한 연결고리   172
컴퓨터 게임보다 더 재밌는 놀이가 있는 줄 몰랐어요   177
놀이로 이루어지는 평등 세상   182

마치며   188

1장

7   8

놀이,
그 짜릿한
모험과 일탈

1   2

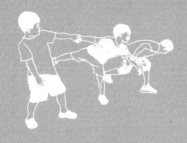

아이들은 왜 놀이를 좋아할까?
놀이 속에 난관이 펼쳐져 있기 때문이다.
깡통술래잡기를 할 때는 술래가
놀래 모두를 잡아 감옥에 가둬야 한다.
비석치기를 할 때는 한 명의 낙오자도 없이
한 팀 전원이 비석을 쓰러뜨려야 한다.
이 어려운 과제에 도전해서
극복해내고 싶은 속성,
이것이 아이들이 놀이를
좋아하는 이유이다.
아이들에게 놀이는 모험이고 도전이다.

"우리 반에서 가장 빠른 일진(?)을
제가 쳤어요"

깡통술래잡기라는 놀이가 있다. 바닥에 그린 작은 원 안에 돌을 넣은 깡통요즘은 페트병을 놓고 놀래술래가 아닌 아이들가 축구공처럼 뻥 뻥 세 번 차면, 술래가 멀리 날아간 그 깡통을 주워와 다시 원 안에 가져다 놓으면서 시작되는 놀이다. 그 사이에 놀래들은 멀리 도망을 가는데, 술래는 그 놀래들을 쫓아가서 손으로 쳐서 잡고, 잡힌 놀래는 감옥이라고 약속한 공간에 갇힌다. 그렇게 모든 놀래가 감옥에 갇히면 놀이 한 판이 끝난다.

그런데 이 놀이에는 반전이 있다. 살아남은 놀래가 앞서 술래가 원 안에 가져다 놓았던 깡통을 다시 한 번 차주면 감옥에 갇혀있던 아이들이 한꺼번에 살아난다는 것이다. 이걸 막지 못하면 처음부터 다시 놀래를 잡으러 다녀야 하기 때문에 술래 입장에서는 놀래를 잡는 동시에 깡통을 지켜야 하는 나름 치밀한 작전이 필요한 놀이다.

6학년 놀이 수업에서 깡통술래잡기 놀이를 할 때의 일이다. 놀래 아이들 중에 술래가 아무리 쫓아다녀도 좀처럼 잡히지 않는 남자

아이가 있었다. 한눈에 봐도 다른 아이들에 비해 몸도 성숙하고 기세가 당당해 보이는 아이였다. 운동장을 종횡무진 획획 날아다니는데, 그 반에서 발이 가장 빠른 아이임이 틀림없었다. 술래들이 여기저기 뛰어다니며 놀래를 열 명 이상 간신히 잡아놓으면, 바람처럼 달려와 깡통을 차서 감옥에 갇힌 놀래들을 살려내는 아이였다. 그 놀래들을 술래가 다시 잡아서 감옥에 넣으면, 그 남자아이는 또 다시 깡통을 차서 아이들을 살려냈다. 한마디로 놀래들 중에서 에이스 선수였다.

놀이 초반에는 그저 뛰는 게 좋아서 신나게 놀래를 쫓던 술래 아이들이 어느 순간 진지해졌다. 깡통을 지키는 일이 뛰어다니며 놀래를 잡는 것 이상으로 중요한 일임을 깨달은 것이다. 이 판을 끝내야 술래에서 벗어날 수 있어서 이때부터 술래 아이들에게는 그 남자아이를 잡는 일이 가장 중요한 임무가 되었다.

그제야 남자아이를 잡으러 다닐 사람과 깡통을 지킬 사람으로 역할 분담이 이뤄졌다. 하지만 놀아본 경험이 적다 보니 아무래도 역부족이었나 보다. 술래 몇 명이 동시에 잡으러 다녀도 그 남자아이는 귀신같이 잘도 도망갔다. 술래가 철통 같이 깡통을 지키며 민첩하게 막아내도 기적처럼 술래의 방해를 뚫고 깡통을 차냈다.

얼마 지나지 않아 대부분의 술래가 체력이 바닥났다. 운동장을 반 바퀴 정도 뛰고 나면 기진맥진했고, 그 아이가 얼마나 발이 빠른지 알기에 지레 포기하는 술래들도 있었다. 그래도 어찌어찌해서 간신히 대부분의 놀래가 감옥에 갇히고 서너 명쯤 살아남았을 때였다. 술래 여자아이 한 명이 놀래들의 에이스 선수인 그 발 빠른 남자아이를 집요하게 추격하기 시작했다. 놀이 초반부터 죽어라 달리고 깡통도 열심히 지켜내던 아이였는데, 그다지 잘 달리는 편이 아닌데도 그 남자아이를 표적 삼아 아주 오랫동안 끈질기게 뛰어다녔다.

어느새 다른 놀래는 모두 잡히고, 운동장에는 발 빠르게 도망가는 남자아이와 그 뒤를 추격하는 여자아이 둘만 남았다. 모두들 숨을 죽이고 그 둘을 바라봤다. 한 바퀴, 두 바퀴, 세 바퀴…. 어느 순간 남

자아이의 달리는 속도가 떨어지기 시작했고, 여자아이는 그걸 놓치지 않고 끝까지 쫓아가 결국 남자아이를 쳐서 잡았다. 술래 아이들은 일제히 환호성을 질렀다. 붉게 상기된 여자아이의 얼굴에도 환한 미소가 번졌다.

그 남자아이를 잡아보겠다고 나선 배짱이 대체 어디서 나왔을까? 교실로 이동하는데 여자아이가 내게 다가오더니 자신이 쳐서 잡은 남자아이를 가리키며 이렇게 말했다.

"쟤가 우리 반 육상선수예요. 뭐든 가장 빠르고 가장 세요, 특히 달리기는 쟤가 우리 반에서 짱 일진(?)이에요. 그런 애를 제가 쳤어요. 전 그게 가장 기분이 좋아요."

그 말에 나까지 덩달아 기분이 좋아졌다.

놀이를 하다 보면 아이들 사이의 은근한 권력관계가 드러난다. 초등 고학년이나 중학생과 놀이를 할 때 특히 그렇다. 그 반에서 누가 인기가 많은지, 누가 운동을 잘하는지, 누가 가장 센지 금세 알 수 있다. 심지어 그 반에서 가장 센 아이가 수업에 협조적이지 않으면, 나머지 아이들이 그 아이를 따라가기도 한다.

그 일상의 권력을 놀이 속에서 깰 때 아이들은 희열을 느낀다. 놀이라는 비일상에서나마 강자를 이겨보는 경험이 얼마나 짜릿하겠는가.

술래 여자아이의 경우도 마찬가지다. 발이 빠른 편이 아니다 보니 평소에는 자기 반에서 달리기로는 '짱 일진'이라는 육상선수 남자아이에게 도전하기 어려웠을 것이다. 그러나 놀이에서는 다르다. 무려 20여 분을 쫓고 쫓아서 마침내 멋지게 승리를 거둘 수 있었다. 이처럼 일상에서는 하기 힘든 도전과 모험이 얼마든지 가능하다는 것, 이것이 바로 놀이가 가진 매력이 아니겠는가.

굽혔다 폈다 굽혔다 폈다

아이들은 왜 놀이를 좋아할까? 놀이 속에 난관이 펼쳐져 있기 때문이다. 깡통술래잡기를 할 때는 술래가 놀래 모두를 잡아 감옥에 가둬야 한다. 비석치기를 할 때는 한 명의 낙오자도 없이 한 팀 전원이 비석을 쓰러뜨려야 한다. 이 어려운 과제에 도전해서 극복해내고 싶은 속성, 이것이 아이들이 놀이를 좋아하는 이유이다. 아이들에게 놀이는 모험이고 도전이다.

나는 장애 학생들과 함께하는 놀이 수업을 18년 동안 해왔다. 그 경험을 통해 모든 아이는 놀이 속 난관을 극복해내고 싶어 하는 속성이 있다는 걸 알게 되었다.

장애 학생들이 다니는 중학교 방과 후 놀이 수업에서 비석치기를 할 때의 일이다. 비석치기란 바닥에 선을 그은 다음, 그 선 위에 세

워놓은 수비 팀 아이들의 비석^{납작한 돌}을 공격 팀 아이들이 3-4미터 떨어진 거리에서 차례로 자신의 비석을 던져 맞혀 쓰러뜨리는 놀이를 말한다.

비석을 던지는 방법에는 여러 가지가 있다. 1단계 던지기^{한 발, 두 발,} ^{세 발 뛰어가서 던지기}를 무사히 통과하여 2단계 세 발 뛰어차기^{비석을 던져놓고 세 발 뛴 다} ^{음 네 발째에 차기}까지 넘어가면, 3단계부터는 발등^{발등 위에 비석 올리기}, 발목^{발목 사이에 끼} ^{우고 깡총깡총 뛰기}, 무릎, 가랑이, 손등, 신문팔이^{겨드랑이에 끼우기}, 어깨, 목^{어깨와 목 사이에} ^{끼우기}, 머리 등 신체 여러 부분을 이용하는 단계에 도전하게 된다. 모든 단계에 성공하여 마지막 장님^{비석을 던져놓고 눈을 감고 걸어가서 비석을 찾아 눈을 감은 채로 던지기} 단계에 이르기까지 놀이가 진행될수록 점차적으로 난도가 높아지기 때문에 아이들은 이 놀이를 무척 좋아한다.

그날 어느 한 팀이 1,2 단계를 무사히 끝내고 비석을 발등 위에 올리고 이동하는 3단계에 도전하게 되었다. 몇 명의 아이들이 성공하거나 실패하고, 어느 여자아이가 도전할 차례가 되었다. 그런데 아이가 한 걸음을 뗄 때마다 비석이 자꾸만 발등에서 굴러 떨어졌다. 비석을 발등 위에 올려놓고 이동하려면 발뒤꿈치로 걸어야 하는데, 장애로 대근육이 발달하지 않아 그런 자세로는 몸 전체의 균형을 잡기가 어려운 것이다.

문제는 비석치기에는 한 번 도전해서 실패하면 실격한다는 규칙이 있다는 것이다. 오직 성공한 아이들만이 실패한 아이들이 못 맞힌 비석을 대신 쓰러뜨려줄 수 있다. 아이들에게 팀워크를 느끼게 하려는 의도라고는 하지만, 도전에 실패한 아이들 입장에서는 아쉬울 수밖에 없는 규칙이다.

그래서 나는 장애가 있는 아이들과 이 놀이를 할 때는 실패해도 얼마든지 다시 도전할 수 있도록 규칙을 수정한다. 사실 비석치기 12 단계 중에 장애가 있다고 해서 수행하기 어려운 단계는 없다. 규칙만 조금 수정하면 장애아들도 모든 단계에 도전이 가능하다.

여자아이는 계속해서 비석을 떨어뜨렸다. 그때마다 아이는 굴러 떨어진 비석을 주워 다시 발등 위에 올렸다. 양쪽 팀 아이 모두가 그 상황을 지켜보고 있었다. 어느새 여자아이의 하얀 이마에 땀이 송글송글 맺히고 있었다. 나는 아이에게 용기를 주고 싶었다. 얼마든지 실패해도 괜찮으니 될 때까지 해보라고 격려했다. 그래도 실패가 거듭됐다. 나는 아이가 결국 포기하고 말 거라고 생각했다.

하지만 그건 내 착각이었다. 아이는 스무 번이고 서른 번이고 계속해서 허리를 굽혀 굴러 떨어진 비석을 다시 발등 위에 올렸다. 한 걸음 떼다 비석이 떨어지면 다시 허리를 굽혀 비석을 올리고, 또 한 걸음 떼다 비석이 굴러 떨어지면 또다시 허리를 굽혀 발등 위에 비석을 올렸다. 그렇게 허리를 굽혔다 폈다 굽혔다 폈다를 수없이 반복하면서 아이는 아주 조금씩 앞으로 나아갔다.

그 장면을 지켜보던 같은 팀 아이들이 어느 순간 응원을 하기 시작했다. 아이의 이름을 연신 부르며 수비 팀이 비석을 세워둔 끝 선에 여자아이가 도착할 때까지 응원을 멈추지 않았다.

아이는 결국 수비 팀이 세워둔 비석을 '탁' 하고 쓰러뜨렸다. 천신만고 끝에 자신의 힘으로 그 어려운 단계를 해내고야 만 것이다. 아이의 얼굴에 말로 다 표현할 수 없는 기쁨이 번졌다. 친구들도 큰 소리로 환호하며 여자아이에게 연신 축하의 하이파이브를 건넸다. 그 환호와 축하에는 어려운 과정을 포기하지 않고 끝까지 극복하려고 애쓴 아이에 대한 지지와 공감이 담겨있었다.

나 역시 여자아이가 자기 자신과의 싸움에서 끝내 승리하는 도전과 모험을 했다는 사실에 크게 감동받았다. 그 여자아이는 다른 장애아들보다도 대근육의 움직임이 능숙하지 않았다. 아이의 어머니는 그런 딸을 걱정하며 매일 수업이 끝나기를 기다려 데리러 오고, 가방도 대신 들어주었다. 아이가 어디서 뭘 하든 곁지기를 해주었다. 그렇게 자라서일까? 아이는 평소에 몸놀이를 그다지 즐겨하지 않았다. 그런데 그날은 끈기와 집념을 가지고 도전하기를 멈추지 않았고, 마침내 자기 자신과의 싸움에서 승리한 것이다.

놀이에는 아주 다양한 재미 요소가 있다. 상대 팀을 이길 때 재미있다는 아이도 있고, 남에게 벌칙을 주며 놀릴 때 재미있다는 아이도 있다. 팀원들과 협동하면서 함께 성취감을 맛볼 때도 아이들은 재미있다고 말한다. 나중에 그 여자아이에게 '수업 시간에 한 놀이 중에서 뭐가 가장 재미있었니?' 하고 물어봤을 때, 아이는 단 1초도 망설이지 않고 그날 했던 비석치기가 가장 재밌었다고 말했다.

　　자신의 한계를 넘어서는 도전과 모험을 감행하여 마침내 자기자신과의 싸움에서 승리하는 것, 이것이 그 아이에게는 놀이의 가장 큰 재미 요소였던 것이다.

한편으로 나는 그날 아이가 비석을 쓰러뜨리기까지 그 긴 과정을 전혀 조급해하지 않으며 응원하고 기다려준 친구들도 참 기특하다고 생각했다. 만약 놀이라는 비일상이 아닌, 일상 속 경쟁 상황이었다면 아이들이 이날처럼 서로를 기다려주고 응원해주고 함께 기뻐해줄 수 있었을까? 대한민국 공교육에 그런 교육은 없다. 놀이에서는 이러한 일이 가능하다. 덤으로 재미라는 요소까지 함께한다.

살다 보면 나와 함께 살아가는 타인에게 도전해야 하는 일도 많지만, 나 자신에게 도전해야 하는 일도 부지기수로 많다. 아이들은 놀이라는 판 안에서 그 두 가지 도전을 함께 경험한다.

"이 놀이 X나게(?) 재밌다"

사회학자 로제 카이와 Roger Caillois는 놀이에는 네 가지 요소가 있다고 자신의 저서 《놀이와 인간》에서 밝히고 있다. 그 네 가지 요소란 첫째는 경쟁 agôn 이고, 둘째는 운 alea 이며, 셋째는 흉내내기 mimicry, 넷째는 현기증 ilinx 이다.

실제로 아이들이 재미있다고 하는 놀이를 잘 들여다보면, 대부분 이 네 가지 요소가 개별적으로 혹은 복합적으로 들어있다. 네 가지 요소가 모두 들어있는 놀이일수록 아이들에게 오랫동안 사랑받는데, 그 대표적인 놀이 중에 하나가 바로 달팽이 놀이다.

놀이 방법을 설명하자면, 우선 바닥에 달팽이 모양의 놀이판을 그린 다음, 두 팀이 가위바위보를 한다. 이후 한 팀은 놀이판 안쪽에 있는 집으로, 나머지 한 팀은 바깥쪽 집으로 이동하여 나란히 한 줄로 선다. '시작' 신호에 맞추어 안쪽 집에 있는 팀의 첫 번째 아이와 바깥쪽 집에 있는 팀의 첫 번째 아이가 동시에 뛰어 나와 놀이판을 따라 달린다. 중간에 둘이 만나면 가위바위보를 하는데, 이때 이긴 아이는 뛰던 방향으로 계속 뛰어가고, 진 아이는 자기 팀 집으로 되돌아가 줄 맨 뒤에 선다. 자기편 아이가 진 걸 확인하는 순간, 진 팀의 두 번째 아이가 뛰어나와 앞서와 같은 방법으로 상대 팀 아이와 가위바위보 대결을 한다. 이런 식으로 해서 이긴 팀은 계속 상대편 집을 향해 뛰어가고, 그 결과 먼저 상대편 집에 도착하는 팀이 승리한다.

달팽이 놀이에는 이처럼 두 팀이 승부를 겨루는 경쟁의 요소와 가위바위보라는 누가 이길지 모르는 운의 요소가 있다. 그러나 아이들이 이 놀이를 좋아하는 가장 큰 이유는 달팽이 모양의 놀이판을 따라 달리면서 느끼는 어지러움, 즉 현기증의 요소 때문이다. 영유아들이 아빠가 손을 잡고 뱅글뱅글 돌려주면 까르르까르르 웃으며 좋아하는 이유도, 아이들이 제자리에서 맴맴 돌면서 노는 이유도 그 행위가 주는 현기증을 재미있다고 느끼기 때문이다.

혁신중학교에서 1년간 진로 수업의 일환으로 놀이 수업을 할 때의 일이다. 하루는 그 무섭다는 중학교 2학년 아이들과 달팽이 놀이를 하는데, 아이들의 반응이 아주 시큰둥했다. 뛰어다녀도 시원찮을 판에 주머니에 손을 푹 찔러넣은 채 슬슬 걸어 다니는 모습이 누가 봐도 '아, 그래, 내가 놀아준다.'라는 식의 태도였다. 중2의 귀차니즘이 극에 달한 것 같았다.

그동안 달팽이 놀이를 수없이 해왔지만 이 놀이를 뛰지 않고 하는 집단은 걷기 힘든 어르신들이나 뛰기 어려운 장애가 있는 아이들뿐이었다. 그러니 혈기왕성한 중2 아이들이 걸어 다니며 놀이를 할 거라고 누가 상상이나 했겠는가. 모든 중학생 아이가 그런 건 아니지만, 유독 그 반 분위기가 그랬다.

하는 수 없이 종목을 바꾸어 개뼈다귀 놀이로 넘어가기로 했다. 이 놀이를 하려면 우선 바닥에 개뼈다귀 모양의 놀이판을 그리고 가위바위보로 공격 팀과 수비 팀을 정해야 한다. 공격 팀의 집은 개뼈다귀 놀이판 양쪽 끝에 있는 둥그런 부분이고, 수비 팀의 집은 놀이판 외곽이다. 공격 팀은 놀이를 시작하기 전에 양쪽 집을 몇 번 오갈지를 미리 정하는데^{1-2번 정도로 정한다}, 그 횟수를 채우면 공격 팀이 승리한다.

그러므로 수비 팀은 양쪽 집을 연결하는 건널목, 즉 개뼈다귀 양쪽 집 사이에 오목하게 좁아지는 길목을 지키고 서서 공격 팀이 오가지 못하도록 막아야 한다. 공격 팀 아이들을 밀거나 잡아 집 밖으로 끌어내 금을 밟게 하여 실격시켜야 한다. 이런 식으로 해서 공격 팀 전원을 아웃시키면 그 판이 끝나고 수비와 공격이 바뀐다.

그런데 이 놀이에는 극적인 재미 요소가 있다. 공격 팀 아이들도 수비 팀을 공격할 수 있다는 점이다. 건너편 집으로 가지 못하게 막는 수비 팀에게 역공을 펼쳐 거꾸로 수비 팀을 놀이판 안으로 끌어들이거나 금을 밟게 하여 죽일 수 있다. 이런 식으로 수비 팀 전원을 실격시켜도 놀이 한 판이 끝난다. 한마디로 공격이고 수비이고 할 것 없이, 서로가 서로를 끌어내고 끌어당기면서 마치 씨름이라도 하듯 온힘을 다해야 하는 무척 과격한 놀이이다.

자연히 개뼈다귀 놀이를 하다 보면 가끔 옷이 찢어지기도 한다. 옷은 잡지 않는다는 규칙이 있기는 하지만, 일단 놀이가 시작되면 아무 소용이 없다. 모두 금세 흥분하여 온힘을 다해 정신없이 사투를 벌이기 때문에 입고 있던 옷의 목 부분이나 몸통 부분이 늘어나 옷을 입지 못하게 되거나 버려야 할 정도가 되기도 한다.

놀이 방법을 설명하자 아이들의 눈이 초롱초롱해졌다. 이 놀이에 관심이 있다는 의미였다. 사실 개뼈다귀 놀이는 몸과 몸을 쉴 새 없이 부딪쳐야 하기 때문에 부대낌을 싫어하는 아이들이 많거나, 처음 만나 서로를 잘 모르는 아이들이 많은 집단에서는 하면 안 되는 놀이다. 한마디로 누울 자리를 보고 돗자리를 펴야 하는 놀이인데, 혈기왕성한 사춘기 중2 아이들이라면 해 볼만하다고 느낀 내 판단이 적중한 것이다.

놀이가 시작되자 달팽이 놀이를 할 때는 한없이 유유자적하던 아이들의 움직임이 순식간에 달라졌다. 그중 특히 내 눈에 들어온 건 어느 여자아이 그룹이었다. 한 여섯 명 정도 되는데, 교실에서 실내놀이를 할 때면 연신 거울을 꺼내 보며 딴짓을 하다가 어쩔 수 없이 놀이에 참여하던 아이들이었다.

그런데 그날은 달랐다. 여자아이 그룹 여섯 명 중에 한 명이 옷이 위로 말려 올라가는데도 아랑곳하지 않고 상대 팀 아이 한 명을 붙잡아 놀이판 안으로 끌어들이려고 사력을 다하고 있었다. 그걸 본 같은 그룹 여자아이 한 명이 그 힘겨루기에 가세했고, 상대 팀 아이 한 명도 이에 질세라 달려들었다. 그렇게 여자아이 네 명은 2대2로 붙어서 넘어지고, 깨지고, 서로를 끌어내고, 끌려 들어가면서 몸싸움을 벌였다. 개뼈다귀 놀이는 이처럼 온몸을 던지는 적극적인 전투정신과 건강한 공격이 서로 허용되어야 재미나고 신난다.

또 개뼈다귀 놀이에는 아이들에게 스스로 용기를 내게 하고, 혼자가 아니라 여럿이 협동하는 기쁨을 알게 해주는 묘미가 있다. 예를 들어 이 놀이에는 규칙이 하나 있는데, 만약에 공격 팀 아이 여덟 명 중에서 일곱 명만 건너편 집으로 이동하고 마지막 한 명이 아직 건너오지 못했다면, 먼저 이동한 그 일곱 명은 마지막 한 명이 건너올 때까지는 원래의 집으로 되돌아갈 수가 없다.

이 규칙이 놀이에 임하는 아이들의 태도를 바꿔놓는다. 혼자 남은 아이는 아무리 겁 많고 소심한 성격이라도 이 상황에서는 어떻게든 수비 팀 아이들을 뚫고 건너편 집으로 넘어가야 한다. 혼자 낙오하면 팀의 승리를 가로막는 원흉(?)이 되기 십상이다. 먼저 이동한 일곱 명 아이들도 마찬가지이다. 혼자 남은 아이와 평소에 친한 사이가 아니더라도 같은 팀으로서 그 아이가 무사히 건너올 수 있도록 도와야만 한다. 그래야 개뼈다귀 놀이에서 이길 수 있다.

　　때로는 수비 팀 아이들은 대부분 체격이 건장한데, 혼자 남은 공

격 팀 아이는 체력이 아주 약한 경우도 있다. 그러면 혼자 남은 아이가 건널목을 넘어오다가 수비 팀에게 붙잡혀 꼼짝없이 끌려가 죽기 십상이다. 그러므로 혼자 남은 아이도, 먼저 건너간 일곱 명 아이들도 이때는 자신이 죽을지 모르는 위험을 무릅쓰고 협동작전을 펼쳐야만 한다.

이 규칙 덕분에 아이들은 두려움을 극복하고 '죽을 때 죽더라도 끝까지 싸워보자.' 하며 용기를 내게 된다. 공격이든 수비든 혼자서 하기보다 여럿이서 함께하는 협동심도 배우게 된다. 이처럼 용기와 협동심을 발휘하게 하는 구조와 강력함이 이 놀이의 매력인 것이다.

이 놀이는 힘의 균형이 맞아야 재미가 있다. 그래서 나는 그날 일부러 여자아이와 남자아이를 구분해서 따로 놀이를 진행했다. 그런데 뜻밖에도 여자아이 그룹 여섯 명 중에서 가장 '짱'으로 보이는 아이가 남녀 합해서 놀이를 해보자고 제안했다. 다른 아이들도 "좋아, 같이 해 보자."고 해서 다시 놀이가 진행되었다.

개뼈다귀 놀이판 두 개를 그려서 양쪽에서 동시에 놀이를 진행했는데, 남학생이고 여학생이고 할 것 없이 서로를 밀고 끌고 당기고 넘어지면서 아이들은 끊임없이 웃었다. 얼마나 신이 났는지 개뼈다귀 놀이 몇 판을 연속으로 했다. 그러다가 여자아이 그룹 중 한 아이가 자기도 모르게 이런 진정성(?) 있는 말 한마디를 내뱉고 말았다.

"야, 야! 이 놀이 X나게(?) 재밌다."

그 말에 아이들은 또 까르르까르르 웃으면서 즐거워하였다. 그런 표현은 수업 시간에 하지 못하도록 하고 있지만, 그날만큼은 아이가 정말이지 너무나도 자연스럽게 마음에서 우러나와 한 말이라서 나도 모른 척하고 놔두었다.

혁신중학교에서 놀이 수업을 하면서 나는 중학생 아이들이 집단으로 하는 놀이, 그러면서도 쉽고 단순하고 격렬한 놀이를 무척 좋아한다는 사실을 알게 되었다. 죽어라 뛰어다녀야 하는 깡통술래잡기, 집단끼리 모여 힘을 겨루는 씨름, 서로를 잡아당기고 끌어내야 하는 개뼈다귀놀이 같은 종류의 놀이들을 말이다. 아이들이 지내는 일상이 너무 단조로워서일까? 비일상의 놀이에서나마 일상을 탈출하여 좀 더 짜릿한 재미를 즐기고 싶은 게 아닐까 하는 생각이 들었다.

입시라는 승부의 세계가 시작되는 중학생 시절, 대부분의 아이가 학교 수업이 끝나면 학원을 가고, 선행학습을 하고, 상대평가를 받는다. 시험 성적을 잘 받느냐 못 받느냐로 남과 비교당하면서 스트레스 받는다. 하지만 놀이에서는 누가 잘하거나 못한다고 해서 스트레스를 받지 않으며. 남과 비교당하는 일도 없다. 그저 잘 노는 아이와 잘 못 노는 아이가 있을 뿐이다 그래도 서로 어울려서 논다. 함께 치고 박고 넘어지고 깨지고 하면서 끈끈한 우정을 나누기도 한다.

청소년들이 과도한 학업으로 받는 스트레스를 풀어낼 수 있는 다소 과격하지만 괜찮은 도전과 모험의 놀이가 아주 많다. 놀이를 아이들에게 돌려줘야 한다. 충전할 수 있는 기회를 줘야한다.

사기 치기, 죽이기,
해방구 만들기

"뛰지 마세요, 한 줄 기차로 조용히 가세요."라는 말을 요즘 아이들은 어린 시절부터 유난히 많이 듣는다. 집이나 학교에서 만날 듣는 소리가 "뛰지 마라." "조용히 걸어라."이다. 그래서일까? 깡통술래잡기를 하면 아이들은 뛰지 못해 한이 맺힌 아이들처럼 뛰어다닌다. 운동장이 좁으면 좁았지 결코 넓지 않은 듯하다. 적어도 술래잡기를 할 때는 "뛰어도 돼, 아니, 뛰지 않으면 죽어! 열심히 죽어라고 뛰어! 그래야 너도 살 수 있고 남을 살릴 수도 있어!"라는 말을 들을 수 있으니, 일상과 비교해보면 이건 완전히 해방구다. 아이들이 술래잡기를 좋아하는 이유는 이런 일탈의 재미와 해방감을 맛볼수 있기 때문이 아닐까?

일탈의 재미를 제대로 맛볼 수 있는 놀이로 치면 포수놀이를 빼놓을 수 없다. 우선 참가 인원과 같은 개수의 종이쪽지를 준비하여 거기에 왕과 포수 그리고 여러 동물의 이름을 아이들과 상의하여 쓴다. 다음으로 그 종이쪽지를 뿌려서 각자가 자신이 집은 쪽지에 적혀있는 역할을 맡는다. 왕이 된 아이는 포수를 불러 '몸보신을 해야겠다.'며 특정 동물을 지목하여 잡아오라고 명령한다. 만약 포수가 왕이 지목한 동물을 제대로 잡아오면 그 동물이 왕에게 벌칙을 받지만, 엉뚱한 동물을 잡아오면^{기회를 몇 번 줄 것인지는 정하기 나름이다} 포수가 벌칙을 받는다.

놀이 방법에서 알 수 있듯이, 이 놀이의 재미 요소는 동물 이름이 적힌 쪽지를 집은 아이들이 얼마나 포수를 감쪽같이 속이느냐에 있다. 잡혀 가면 벌칙을 받기 때문에 아이들은 서로서로 누가 어떤 동물인지 몰라야 하며, 절대로 자신의 정체를 밝히지 않는다.

벌칙을 피하고 싶은 포수는 여러 가지 방법으로 왕이 명령한 동물을 찾는다. 상대 아이가 거짓말을 하는지, 참말을 하는지 판단하는 건 전적으로 포수의 몫이다. 즉 이 놀이는 잘 속일수록 재미가 있다. 거짓말이 용인되는 놀이인 것이다.

어느 초등학교에서 놀이 수업 시간에 포수놀이를 할 때의 일이다. 왕을 맡은 아이가 포수에게 "내가 요즘 온몸 여기저기가 쑤시고 힘이 드니, 몸보신으로 고기를 좀 먹어야겠다. 그러니 토끼를 한 마리 잡아오너라."하고 명령했다. 그러자 동물 이름이 적힌 쪽지를 집은 아이들 중 한 명이 토끼처럼 깡충깡충 뛰는 시늉을 했다. 포수가 다가가서 "너 토끼니?"하고 묻자, 토끼뜀을 하던 아이는 빙그레 웃으며 고개를 끄덕였다. 포수는 1학년 아이였는데, 긴가민가하다가 그 웃음을 진짜 토끼라는 의미라고 여기고 그 아이를 왕에게 데려갔다.

그런데 막상 왕 앞에서 쪽지를 펼쳐고 보니 그 아이는 고슴도치였다. 고슴도치로 밝혀진 아이는 2학년이었는데, 그 순간 속으로 쾌재를 불렀을 것이다. 순진한 동생이 자기 말을 믿어주었으니까 말이다. 포수가 토끼냐고 물었을 때 그 아이가 지었던 웃음의 의미는 '넌 아마 내가 토끼라고 말하면 믿을 아이야.'라는 뜻이었을 것이다. 이처럼 포수를 가장 어렵게 하는 건 상대의 반응을 읽어내는 능력이다.

　　다음으로 왕은 "고양이를 잡아오너라." 하고 포수에게 명령을 내렸다. 그러자 이번에는 여기저기서 아이들이 야옹야옹 하며 다니기 시작했다. 그 장면을 본 다른 아이들도 재미있어하며 덩달아 야옹야옹 하며 다녔다. 포수를 놀리고픈 장난기가 발동하여 전염된 것이다.

이렇게 되면 포수는 누가 고양이인지 가려내기가 더 어려워진다. 이런 때일수록 더욱 날카로운 눈이 필요하다. 만약에 코끼리라고 적힌 쪽지를 갖고 있는 아이가 여기 있는데 저쪽에 있는 아이가 코끼리인 척 연기를 한다면, 정작 코끼리라고 적힌 쪽지를 가지고 있는 아이 입장에서는 '뭐지?' 하는 반응을 보이기 십상이다. 이리저리 눈알을 굴리며 분위기를 살피던 포수가 그 반응을 놓치지 않는다면 누가 진짜 코끼리인지 눈치챌 수도 있다.

초등 고학년 아이들은 저학년 아이들과 이 놀이를 함께할 때 짜증을 내기도 한다. 예를 들어 왕이 "호랑이를 잡아오너라." 하고 명령을 내리면 갑자기 얼굴이 빨개지는 아이가 있다. 그러면 십중팔구 그 아이가 호랑이다. 거짓말을 잘해야 이 놀이는 재미가 있는데, 나이가 어린 아이들일수록 눈치 없이 자기 신분을 누가 봐도 다 알 정도로 티를 낸다거나, 심지어 자기가 누구라고 대놓고 말을 해서 산통을 깨는 경우가 많다. 그래서 포수놀이는 유치원 아이들과 하기에는 적절치 않다. 아직은 너무나 순수한 영혼이라서 거짓말을 못하기 때문이다. 포수놀이는 초등학생 이상에서 해야 적당한 놀이이다.

그날 포수놀이를 마치고 나서 아이들에게 소감을 물었을 때 어느 아이가 이런 말을 했다.

"사기를 칠 수 있어서 정말 재미있었어요."

아이가 말한 '사기를 친다'라는 표현이 가슴에 와 닿았다. '나는 호랑이인데 사슴이라고 거짓말을 했더니, 포수가 그 말을 믿고 나를 왕에게 데려가고 있어, 크크크. 내가 왕 앞에서 쪽지를 펼치는 순간 완벽한 사기를 치게 되는 거지, 음하하하하.' 뭐 이런 재미를 느꼈다는 얘기가 아닌가. 일상에서는 사기를 치거나 거짓말을 하면 안 되며 그랬다가는 아주 크게 혼이 날 텐데, 포수놀이에서는 그게 얼마든지 허용이 되고, 잘할수록 되려 칭찬까지 들으니 아이들 입장에서는 이보다 더 고소하고 달달한 재미가 없다.

놀이의 세계가 주는 일탈의 자유는 이것만이 아니다. 놀이에서는 죽이는 것 또한 가능하다. 술래잡기에서는 술래가 놀래를 치면 '죽는다'고 표현한다. 죽이고 싶을 정도로 미운 사람이 있을 때 마음속으로는 설령 그런 생각을 할 수 있을지 몰라도, 실제로 그런다면 그건 엄청난 범죄이다. 하지만 놀이에서는 얼마든지 죽이는 게 가능하다.

왜 '죽는다'고 표현했을까. 놀이가 갖는 자유로움이 아닐까 싶다. "너 잡았어!"보다는 "너 죽었어!"라는 표현이 명쾌하고 통쾌하다. 상대를 영원히 아웃시키는 건 잡는 정도가 아니라 죽이는 것이다.

발달심리학자들에 따르면 아이들이 거짓말을 한다는 건 잘 성장하고 있다는 증거라고 한다. 거짓말을 하려면 타인의 마음을 읽어내는 능력, 자신의 감정을 드러내지 않고 제어하는 능력이 통합적으로 발달되어야 하기 때문이다.

'거짓말 하지 마라!' '사기 치지 마라!' '남을 놀리지 마라!' 등등 지켜야 할 일상의 도덕과 규범이 참 많다. 어린 아이들일수록 이런 규범을 지키도록 더욱 엄격하게 요구받는다. 그러나 놀이에서는 거짓말하기, 속이기 같은 일탈이 얼마든지 가능하다. 그래서 아이들에게 그 놀이가 더 짜릿한 경험으로 다가온다. 아이들은 놀이 속 일탈을 통해서 자유로움을 만끽하고 상상력을 키워간다.

호랑이 굴에 들어가야
호랑이를 잡지

놀이 수업에서 만난 아이들 중에서 유독 몸놀이를 하기 싫어하는 여자아이가 있었다. 처음 만났을 때 그 아이는 초등학교 1학년이었는데, 놀이 시간이 되면 혼자 도서관에 가서 책 보는 걸 즐겼다. 돌봄 전담 선생님께 이유를 물어보니, 마음이 무척 여려서 아이들과 몸을 부대끼며 노는 것만으로도 스트레스를 받는 아이라고 했다. 그래서 아이에게 억지로 놀이 수업에 참여하지 않아도 된다고 허락해주었다는 것이다.

나는 몸이 느려서 몸놀이를 하기 싫어하는 아이일수록 의도적으로 몸놀이를 하도록 유도하는 편이다. 그 아이의 경우에는 몸놀이를 워낙 강하게 거부해서 억지로 권유하지는 않았지만, 실내놀이나 그다지 몸을 많이 쓰지 않는 놀이를 하는 날에는 아이를 최대한 달래고 설득해서 수업에 참여하도록 유도했다.

그렇게 한 학년이 끝나갈 무렵이 되자 아이가 놀이 수업 시간에 도서관으로 가는 횟수가 줄었다. 실내놀이뿐 아니라 실외놀이와 몸놀이에도 조금씩 참여하기 시작했다.

이듬해, 새 학년으로 올라간 아이들과 함께 호랑이 굴 놀이를 하기로 한 날의 일이다. 호랑이 굴 놀이란 바닥에 둥그렇게 원을 그린 다음, 술래 한 명을 제외한 나머지 아이들이 모두 원 안에 들어가면 그때부터 술래가 원 안에 있는 놀래들을 한 명씩 쳐서 모두 술래로 만드는 놀이를 말한다. 처음에는 술래 혼자서 놀래를 치기가 쉽지 않지만 일단 한 명이라도 술래가 더 생기면, 그 다음부터는 둘이 협동작전을 펼칠 수 있어서 놀이가 한결 쉬워진다. 즉 첫 번째 술래 입장에서는 얼마나 빨리 또 한 명의 술래를 만드느냐가 관건인 것이다.

공교롭게도 그날 첫 번째 술래로 뽑힌 아이는 놀이 시간에 도서관에 가던 바로 그 아이였다. 몸을 움직여서 놀이를 해본 경험이 많지 않은데, 그 여자아이가 과연 얼마 만에 다음 술래를 만들어낼 수 있을까 나는 속으로 걱정이 되었다. 아니나 다를까. 아이는 꽤 오랜 시간이 지나도록 원 안에 있는 놀래를 단 한 명도 치지 못했다. 그 아이의 성격을 잘 아는 친구들이 일부러 원 바깥으로 나갔다 들어오며 어디 한 번 잡아보라고 기회를 주었다. 하지만 스스로 자신의 몸을 이용해

적극적으로 움직여본 경험이 많지 않았던 여자아이는 이런 상황에서 어떻게 행동해야 하는지를 전혀 모르는 것 같았다. 팔을 최대한 길게 뻗어도 원 안에 있는 놀래를 칠까 말까 한데, 소심하게 손만 내밀 뿐이었다. 그래가지고는 아무도 칠 수 없을 게 분명했다.

보다 못한 나는 "몸을 좀 더 앞으로 움직여서 팔을 쭉 뻗어봐, 이렇게."라고 하면서 아이의 팔을 잡고 몸을 뻗도록 도와줬다. 이렇게 몇 번 정도 이끌어주자 아이는 혼자서 조금씩 팔을 뻗기 시작했고, 드디어 기회를 잡아 놀래 한 명을 쳤다.

호랑이 굴 놀이는 그 한 명을 쳐서 두 번째 술래를 만들어야만 진전이 되고 놀이에 역동이 생긴다. 두 번째로 술래가 된 아이는 빠르고 적극적으로 움직였다. 그러자 여자아이도 덩달아 몸놀림이 빨라졌다. 두 명, 세 명…. 어느덧 원 안에 있는 놀래보다 술래의 숫자가 더 많아졌다. 이때부터는 술래들끼리 협동작전을 펼쳐야 한다. 원 안에 도망 다닐 공간이 넉넉해서 놀래를 치기가 어렵기 때문이다. 술래 아이들은 둘 혹은 셋이 서로 손을 잡고 몸을 최대한 늘여서 팔다리를 원 안으로 깊숙이 뻗었다. 여자아이도 협동작전에 참여했다. 덕분에 그 판이 무사히 끝났다.

'호랑이 굴에 들어가야 호랑이를 잡는다.'는 속담처럼, 호랑이 굴 놀이가 주는 메시지는 적극적이고 진취적인 삶의 태도이다. 나는 그 여자아이에게 술래 한 판을 더 시켰다. 술래를 바꿔줄 수도 있었지만 일부러 그렇게 하지 않았다. 아이의 성향을 이해해주기보다는 아이에게 몸 움직이는 요령을 알려주는 쪽을 선택했다. 이 기회에 아이가 몸놀이의 맛을 제대로 알기를 바랐다.

나는 두 번째 판에서는 바닥에 그리는 호랑이 굴 놀이판도 일부러 좀 더 작게 그렸다. 보통은 놀이에 참여하는 아이들이 몇 명이냐에 따라 놀이판을 크게도 그리고 작게도 그리는데, 이번 판에는 술래가 원 안에 있는 놀래를 칠락 말락 할 정도로 놀이판을 작게 그려서 호랑이 굴 놀이가 더욱 역동적이 되도록 했다.

다행히 두 번째 판에서 여자아이는 처음보다 적극적으로 움직였다. 스스로 팔을 길게 내뻗었고 몸을 원 안쪽으로 깊숙히 들이밀었다. 덕분에 첫 번째 판에서보다 훨씬 빨리 놀래 한 명을 쳤다. 드디어 자신과 함께 놀래를 쳐줄 또 한 명의 술래가 생긴 것이다.

이때부터 놀래들도 몸놀림이 달라졌다. 술래가 적극적으로 움직일수록 놀래들은 살아남기 위해 서로를 얼싸안고 몸부림을 친다. 호랑이 굴 놀이는 그래야 재미가 있다.

어느새 운동장에는 술래의 손길을 피해 살아남으려고 안간힘을 쓰는 놀래들의 비명 소리와 협동작전을 펼치기 위해 작전을 짜는 술래들의 외침만 울려 퍼지고 있었다. 그렇게 엎치락 뒤치락 하는 아이들을 흐뭇하게 바라보고 있던 나는 어느 순간 여자아이의 표정을 보고 깜짝 놀랐다. 그 아이는 원래 감정 표현을 크게 하지 않는 편이었다. 그날 호랑이 굴 놀이를 하다가 처음 놀래 한 명을 쳤을 때도 평소와 다름 없는 무덤덤한 표정이었다. 그런데 아이의 가녀리고 순진무구한 얼굴이 놀이라는 판 안에서 어느덧 호랑이 굴에 들어온 사람을 잡아먹는 호랑이처럼 용맹무쌍한 얼굴로 변해갔다. 내가 알던 그 아이가 맞나 싶을 정도였다.

그날 이후로 여자아이는 적극적으로 몸놀이에 들어오기 시작

했다. 더 이상 놀이 시간에 도서관에 가는 일은 없었으며, 소극적이고 말이 없던 아이가 친구들과 재잘거리기 시작했다.

이제 3학년이 된 아이는 누가 시키지 않아도 저 스스로 운동장을 신나게 뛰어다닌다. 내가 1, 2학년 아이들과 밖에서 놀이 수업 하는 걸 보면 먼저 다가와 반갑게 인사도 한다. 처음 만났을 때 자신감 없고 어두워 보이던 표정이 많이 밝아졌다.

놀이가 그 여자아이를 변화시킨 유일한 원인은 아닐 것이다. 하지만 그날 호랑이 굴 놀이를 하면서 아이의 몸에 새겨진 도전과 모험의 기억은 오랫동안 그 아이의 마음속에 남아있을 것이다.

승부에서 이기거나 놀이를 잘하는 것만이 놀이의 전부는 아니다. 실패해도 다시 도전하고 그 과정 자체를 즐기는 것, 이것이 놀이에서는 더 중요하다.

놀이판 안에서 쉽게 포기하는 아이는 일상에서도 뭐든 쉽게 포기한다. 놀이판에서 기를 쓰고 도전하는 아이는 일상에서도 적극적이다. 적극적인 삶의 태도를 취하게 하는 데 모든 몸놀이는 유효한 성격을 갖고 있다. 그래서 나는 아이들에게 몸놀이에 흠뻑 빠져보는 경험을 선물하고 싶다. 몸놀이를 통해서 모험하고 도전하는 습성을 아이들 마음에 새겨주고 싶다.

왕과 꼴찌의 순환구조,
왕과 거지

놀이가 가진 매력 중에서 빼놓을 수 없는 것이 반전의 즐거움이다. 이 반전을 연출하는 것은 놀이가 가진 규칙이다.

예를 들어 비석치기에는 한 번 실패하면 실격하여 놀이가 다음 단계로 넘어갈 때까지 더 이상 도전할 수 없다는 규칙이 있다. 비석치기를 하다가 한 팀 아이들 대부분이 비석 쓰러뜨리기에 실패하고 유일하게 한 아이만 성공해서 살아남았을 때, 이 아이가 남은 비석을 모두 쓰러뜨리느냐 마느냐는 그 팀 전체가 사느냐 죽느냐를 좌우한다. 그래서 비석치기를 하다 보면 한 단계 한 단계 올라갈 때마다 승부가 엎치락뒤치락 하기도 하고, 드라마 같은 반전이 연출되기도 한다.

깡통술래잡기에서도 비슷한 규칙이 있다. 혼자 끝까지 살아남은 아이가 깡통을 차서 감옥에 갇혀있던 놀래들이 모두 살려내는 기적을 연출한다. 이때 아이들은 환호성을 지르며 해방을 맞이한 듯 감옥에서 달려나간다. 놀래를 거의 다 잡아넣어 이제 겨우 힘든 술래를 끝내는 순간을 코앞에 두었던 아이들은 이 기적으로 처음부터 놀이를 다시 시작해야 하는 처지가 되고 만다.

놀이에서는 이처럼 잡고 잡히고, 영웅이 나타나서 살려주고, 다시 죽고 새 판이 시작되는 순환이 이루어진다. 그래서 놀이하는

아이들은 죽어도 죽지 않는 불사신들이다. 놀이는 세상에서 가장 짜릿한 도전과 모험의 장이다.

권력 구조를 이용한 놀이에서는 이런 반전이 더 실감나게 펼쳐진다. 대표적인 놀이 중에 하나가 바로 왕과 거지이다. 이 놀이를 할 때는 참가자 전원이 가위바위보를 해서 1등부터 8등까지 뽑는데, 1등을 한 아이는 왕이 되고, 8등을 한 아이는 거지가 되며, 나머지는 일반 백성이 된다.

이때부터 묵찌빠로 승부를 가리는 권력을 향한 도전이 시작된다. 8등은 7등과 묵찌빠를 해서 이겨야만 6등에게 도전할 수 있다. 만약 이때 7등이 이기면 그 아이가 자신보다 한 단계 높은 권력인 6등에게 묵찌빠 도전을 한다. 이런 식으로 계속해서 이기는 사람이 마지막 권력의 최고 단계에 있는 왕에게 도전할 수 있다.

왕에게 도전할 때는 묵찌빠를 하기 전에 우선 머리 숙여 절을 하거나 인사를 하면서 "전하, 도전하러 왔습니다."라고 말해야 한다. 왕이 시키는 심부름도 한 가지 해야 하는데, 예를 들어 '어깨를 주물러라.' '물을 떠오너라.' '다리 찢기를 해 보거라.' '교실을 한 바퀴 뛰고 오너라.' 등등 심부름거리는 무궁무진하다. 묵찌빠를 해서 왕이 이기면 왕은 2관왕이 되고, 도전자는 거지 신분이 되어 맨 끝 자리로 돌아가 처음부터 도전을 다시 시작해야 한다. 하지만 왕이 지면, 도전자가 새 왕이 되고 기존의 왕은 거지가 된다.

왕은 2관왕이나 3관왕이 되면 왕족을 뽑을 수 있다^{몇 관왕이 되어야 왕} ^{족을 뽑을 수 있는지는 정하기 나름이다}. 이때 나머지 아이들은 왕 모르게 자신이 맡을 동물 이름을 정한다^{혹은 직업, 스포츠, 음식 이름 등으로 정할 수도 있다}. 왕은 아무것도 모르는 상태에서 여러 동물 중 하나를 고르는데, 예를 들어 "호랑이를 왕비로 삼겠노라."라는 식으로 말한다.

왕비가 된 아이는 왕과 마찬가지로 도전자에게 인사도 받고 심부름을 시킬 수 있는 권한을 갖는다. 왕과 왕비가 묵찌빠 도전에서 계속 이기면 왕자와 공주를 같은 방법으로 뽑을 수 있으며, 이런 식으로 왕족을 점점 늘려나갈 수 있다.

왕이 묵찌빠 도전에서 지지 않는 한, 왕족은 계속해서 권력을 누리며 도전자에게 인사도 받고 심부름도 시킬 수 있다. 하지만 왕이 지면 왕족도 해체된다. 또한 왕족은 묵찌빠 도전에서 이겨도 도전자를 거지로 만들 수 있을 뿐, 왕에게 도전할 수는 없다. 영원한 2인자인 것이다. 권력에 기생하는 자들이 권력자의 생사여탈에 따라 목숨이 왔다 갔다 하는 일상의 판을 이 놀이에서도 볼 수 있다.

이처럼 왕과 거지 놀이에서는 거지가 왕으로 신분 상승을 하고, 왕이 거지 신세로 전락하기도 하며, 왕족이 졸지에 모든 권력과 신분을 박탈당하는 반전이 벌어진다. 이 권력의 순환구조 때문에 아이들은 이 놀이를 무척 즐긴다.

1학년부터 5학년 아이들이 함께하는 동네 놀이에서 왕과 거지 놀이를 할 때의 일이다. 야무지게 생긴 1학년 여자아이 한 명이 집에서 언니 오빠와 묵찌빠 놀이를 많이 해봤는지 쟁쟁한 고학년들을 제치고 왕이 되었다. 5학년 오빠가 도전하러 오자 "귀를 잡고 토끼뜀으로 나무 둘레를 열 바퀴 돌고 오너라." 하고 힘든 심부름을 시키기도 했다. 주위에 있는 아이들이 "야, 너무 많은 거 아니야? 다섯 바퀴로 줄여줘."라고 한마디씩 했지만, 여자아이는 심부름을 줄여주지 않았고 5학년 오빠의 묵찌빠 도전도 가뿐하게 물리쳐냈다.

　　권력은 순환한다. 얼마 후 5학년 남자아이는 왕이 되었고, 왕족도 거느렸다. 1학년 여자아이가 왕족을 차례로 이기고 올라왔을 때는 드디어 자신에게 힘든 심부름을 시킨 것에 대한 앙갚음을 할 기회까지 얻었다. 하지만 그런 일은 일어나지 않았다. 5학년 남자아이는 오히려 "어깨를 주물러라." 하는 비교적 쉬운 심부름을 시켰다. 어린 동생이라서 봐준 것일까? 그게 아니다. 지금은 자신이 왕이지만 언제 거지로 전락할지 모른다는 걸 알고, 그때 보복당할 것을 염려하여 스스로 심부름의 수위를 조정한 것이다.

　　이처럼 놀이 속에서 벌어지는 일들은 아이들이 살아가는 일상과 크게 다르지 않다. 하지만 현실에서와는 달리, 놀이 속에서는 누구든 왕이 될 수 있고 누구든 거지가 될 수 있다. 왕과 거지가 신분이 바뀌고 권력의 순환이 일어난다. 아이들은 이러한 놀이를 통해서 현실에서 일어나기 힘든 전복을 경험하는 동시에 권력의 속성과 세상 살아가는 이치를 배운다.

놀이는 아이들이 세상에 나아가 부딪치게 될 일상을 미리 경험하고 연습하는 비일상의 판이다.

아이들에게
도전과 모험을 허락하라

놀이를 하다 보면 아이들은 신이 나서 뛰어다니다가도 순식간에 미끄럼틀 위로 기어오르고, 그 위쪽에 있는 기구에까지 거침없이 올라간다. 남자아이일수록 높은 곳에 오르고 싶어 하고, 위험해 보이는 곳을 아슬아슬하게 지나가고 싶어 한다. 매달리고 올라가고 뛰어내리고 싶은 놀이 본능이 발동하는 것이다.

나는 학교에서 놀이 수업을 할 때 아이들에게 이런 도전과 모험의 기회를 가능한 한 허락하고 지지해주려고 노력한다. 놀이에서 모험과 도전을 뺀다면 얼마나 싱거울까 하는 생각 때문이다.

하지만 선생님들은 입장이 다르다. 아이들의 놀이가 선생님들 눈에는 그저 위험해 보이고, 아이들이 다칠까 봐 걱정이 앞선다. 무엇보다 많은 아이를 동시에 책임져야 하다 보니 선생님들은 아이들의 모험과 도전에 대해 보수적인 입장을 취하는 경우가 많다.

내가 놀이 수업을 하고 있는 어느 학교 뒷마당에는 나무가 한 그루 있는데, 술래잡기 놀이를 하다 보면 그 나무 위로 도망가는 아이들이 한두 명씩은 꼭 있게 마련이다. 나무도 생명이니 괴롭히지 말아야 하지만, 높은 곳에 오르고 싶어 하는 아이들의 놀이 본능을 무조건 말릴 수도 없는 노릇이다. 그래서 가끔 장난꾸러기들이 "얼씨구 나의 닉네임이다., 저 나무 위에 올라가도 돼요?"라고 물으면, 나는 "웅, 올라가도 되고 그냥 운동장에서 뛰어다녀도 돼."라고 대답한다. 내가 허락해도 막상 나무 위에 올라가는 아이들은 열 명 중에 두세 명 정도밖에 되지 않는다.

하지만 이 정도 모험도 학교에서는 허락하지 않는다. 그날도 아이들이 나무에 오르는 걸 목격한 어느 선생님이 창문을 열고 소리치셨다. "선생님, 아이들이 나무에 올라가지 않게 해주세요. 그러다가 애들이 다치면 선생님이 책임지실 겁니까?" 학부모들로부터 민원이 들어오는 것도 그렇고, 학교에서 아이들이 다치는 일이 일어나는 자체가 싫은 것이다. 나는 속으로 '혹시라도 다치면 보건실에 가면 될 일인데…'라고 생각하지만, 겉으로는 "네, 알겠습니다. 얘들아, 얼른 내려와. 거기까지는 올라가지 않기로 하자." 하며 타협한다. 학교에서 이런 일이 비일비재하다.

'안전'과 '모험'은 반대의 의미 같지만, 아이들 입장에서 보면 꼭 그렇지만도 않다. 아이들은 모험하고 도전하면서 안전에 대비하는 힘을 기르기 때문이다.

어린 시절에 나는 집 뒷산에서 자주 놀았다. 초등학교 시절 학교 대표 기계체조 선수였던 나는 어릴 때부터 높은 곳에서 뛰어내리는 걸 무척이나 좋아했다. 다람쥐 같이 몸이 가벼웠던 초등학교 5학년 때는 나의 한계치보나 좀 더 높은 곳에서 뛰어내렸다가 턱이 돌아가는 줄 알았다. 다행히 응급실에 실려 가는 불상사는 없었지만, 그 경험 덕분에 높은 곳에서 뛰어내릴 때 내 한계를 정확히 가늠하는 감각을 갖게 된 것 같다.

아이들도 그렇다. 높은 곳에서 뛰어내릴 때는 자신의 몸을 알고 뛰어내리고, 높은 데 올라갈 때도 자신의 능력만큼 기어 올라간다. 무서우면 자신의 한계 이상으로 올라가거나 뛰어내리지 않는다. 자기 몸의 한계치와 능력을 스스로 판단할 줄 안다. 적어도 초등학생 이상의 아이들은 그렇다고 나는 믿는다. 그래서 걱정하지 않는다.

오히려 어른들이 모험과 도전의 기회를 주지 않아서 아이들이 자신의 능력과 한계치를 파악할 기회를 갖지 못하는 것이 걱정이다. 간혹 자신의 한계 이상으로 몸을 사리지 않는 아이들이 있기는 하다. 자주 다치는 아이들이 주로 그렇다. 이런 아이들을 파악해서 다치지 않게 도와주고 스스로 수위를 조절하도록 가르쳐주는 것이 어른이 해야 할 몫이 아닐까.

은평혁신파크에 박준성 대표가 운영하는 〈금자동이〉라는 20년 된 사회적 기업이 있다. 그 산하에 재활용 플라스틱을 온갖 창의적 장난감으로 재탄생시키는 장난감학교 〈쓸모〉가 있는데, 한 번은 그 학교를 방문했다가 예닐곱 살 아이라도 장난감을 만들 때 글루건을 쓸 수 있게 해준다는 얘기를 듣고 깜짝 놀란 적이 있다.

나는 선뜻 동의가 되지 않아 물었다. "여섯 살 아이에게 글루건을 다루게 하는 건 아무래도 위험한 일이 아닐까요?" 박 대표는 이렇게 대답했다. "그건 선입견입니다. 우리가 아이들에게 위험에 대처하는 법을 가르쳐주지 않기 때문에 무조건 위험하다고 생각하는 거죠. 여섯 살 아이도 미리 설명해주고 주의사항을 충분히 숙지시키면 얼마든지 글루건을 쓸 수 있습니다. 실제로 장난감 학교에서 글루건을 쓰다가 안전사고가 일어난 적은 한 번도 없었어요. 위험에 대해 사전 교육을 충분히 하고, 글루건을 쓸 때도 항상 옆에 안내자가 있기 때문입니다."

한마디로 아이에게 위험을 무서워하고 두려워하는 법을 가르쳐서는 안 된다는 것이다. 위험을 인지하는 가운데서도 아이가 하고자 하는 바를 해낼수 있도록 방법을 가르쳐주어야 한다는 말이다.

놀이에서 안전의 문제와 모험과 도전의 문제가 부딪칠 때도 마찬가지이다. 예닐곱 살 아이라도 글루건 다루는 법을 알려주면 위험에 대처할 수 있듯이, 아이들도 놀이를 충분히 하면 자신의 한계를 알고 위험에 대비하는 법을 알게 된다. 놀이에는 자신의 한계와 약점은 물론이고, 자신의 숨겨진 재능을 발견할 때까지 그 과정을 스스로 극복하게 해주는 지침이 들어있기 때문이다

도전하고 모험하지 않은 아이들은 실패를 두려워하게 되고 나중에는 아무것도 할 수 없게 된다. 반면 놀이를 통해 몸으로 체득한 모험과 도전은 아이들에게 평생의 재산이 된다.

그러므로 우리가 아이들에게 가르쳐야 할 것은 '도전하라.' '모험하라.'여야 한다. 아이가 다치거나 좌절하게 될까 봐 두려워하며 무조건 하지 말라고 막을 것이 아니라, 도전과 모험을 할 수 있도록 지속적으로 격려하고 지지해주어야 한다.

방법은 간단하다. 아이들이 자기 나이에 맞게 개구쟁이처럼 마음껏 놀면서 자라게 해주면 된다. 한창 성장할 나이에 공부에만 묻혀 지내는 게 아니라, 쉴 틈 없이 모험하고 도전하면서 커 나가게 해주는 것이다. 그런 기회를 의도적으로라도 마련해주는 것이 어른의 몫이고, 우리 사회가 해야 할 일이다.

2장

7   8

놀이로 키우는
관계의 맷집

1   2

논다는 것은 서로가 서로의
몸을 건드리고 마음을 건드리는 일이다.
그 과정에서 서로가 더 친밀해지기도 하지만,
관계가 삐그덕거리는 일도 생긴다.
이런 경험을 많이 해봐야
어떤 유형의 사람과도 잘 어울리고,
필요할 때 양보하고, 의견 충돌이 생겼을 때
협의할 수 있는 능력이 생긴다.
놀이에는 관계의 맷집을 키워주는
마법 같은 힘이 있다.

선생님, 쟤가 괴롭혀요

사실 놀이 수업을 한다는 건 다툼을 중재하는 일이라고 해도 과언이 아니다. 아이들은 어른들이 보기에 별일 아닌 일로 싸우기 때문이다. 서로 의논하거나 누구 한 명이 양보하면 될 일을 스스로 해결하지 못하고 "얼씨구, 쟤가요…." 하고 내게와 달려와 상대 아이를 이르면서 문제를 해결해달라고 부탁한다. 이때 유아나 초등학교 1학년 아이들이 자주 하는 단골 대사 두 개가 있는데, 그 하나는 "쟤가 술래잡기를 하면서 자꾸 숨어요."이고, 다른 하나는 "쟤가 저를 때렸어요."이다.

"술래잡기를 하면서 자꾸 숨어요."라고 말할 때 문제의 핵심은 상대가 규칙을 지키지 않았다는 것이다. 숨바꼭질은 숨어있는 아이를 찾는 놀이고, 술래잡기는 도망 다니는 아이를 잡는 놀이다. 그런데 어린 아이들은 술래잡기를 하다가 숨기도 한다. 숨는 자체가 좋아서 그러기도 하고, 숨는 순간의 긴장이 재미있어서 그러기도 한다. 숨어있다가 짠 하고 나타나서 많은 아이를 살리고픈 영웅 심리가 발동해서 그러는 경우도 있다.

술래잡기를 하다가 숨바꼭질할 때처럼 숨는다고 해서 꼭 규칙을 지키지 않았다고 할 수는 없다. 문제가 된다면 서로 협의해서 숨지 않기로 규칙을 정하면 그만이다. 그래서 이런 경우에 나는 일부러 도움을 주지 않는다. 내가 개입하는 순간, 아이들이 스스로 갈등을 해결할 수 있는 기회를 놓치게 되기 때문이다. 대신 이렇게 말해준다.

"나는 그 상황을 보지 못해서 누구 편도 들어줄 수가 없구나. 너희들끼리 해결해보렴."

그러면 시간이 좀 걸리더라도 대부분의 아이는 서둘러 갈등을 해결한다. 이 문제로 실랑이를 하느라 놀 시간을 빼앗기는 게 싫기 때문이다. 만약 갈등이 빨리 해결되지 않는다면, 그건 대체로 둘 중 한 아이가 마음에 상처를 입은 경우이다. 이때는 양쪽 아이의 이야기를 충분히 들어주면 된다. 그것 자체가 해결법이다. 상처를 입힌 아이가 피해자 입장 아이의 마음을 풀어주면, 아이들은 어른과 달리 정말 눈 깜짝할 사이에 화해한다.

"쟤가 저를 때렸어요."라고 말하는 상황은 대체로 상대 아이의 행동을 오해한 경우가 대부분이다. 초등학교 2학년 남자아이들과 깡통술래잡기 놀이를 할 때의 일이다. 이 놀이에는 살아남은 놀래가 원 안에 있는 깡통을 차주면 감옥에 갇혀있던 아이들이 다시 살아나는 규칙이 있다. 그런데 그날 놀래 아이 한 명이 전력을 다해 뛰어와 깡통을 차다가 그걸 막으려는 술래 아이를 그만 세게 쳤나 보다. 맞은 놀래 아이가 "왜 때려!" 하고 소리치면서 갑자기 깡통을 찬 술래 아이에게 발길질을 했다. 그 아이가 일부러 자신을 때렸다고 생각한 것이다. 술래 아이는 억울한 표정으로 "때린 게 아니고 깡통을 차다가 친 건데요."라고 하면서 울음을 터뜨렸다. 놀래 아이는 "아니에요. 진짜로 때린 거란 말이에요."라고 하면서 화를 풀지 않았다. 내가 나서서 아이를 달래며 '때린 게 아니라는 친구의 말을 믿어주면 안 될까.' 하고 설득해봤지만 소용이 없었다.

이런 경우에는 내가 그 상황을 본 게 아닌 이상, 누구 편을 들 수가 없다. 나중에 다시 이야기해보자고 하면서 일단 상황을 정리하고 놀이를 계속 진행하다 보면, 보통은 두 아이가 언제 그랬냐는 듯 울음을 그치고 금세 놀이에 몰입한다. 그날도 방금 전까지 서로를 원수처럼 대하며 씩씩대던 두 아이는 1분이 채 지나지 않아 서로 엉덩이를 토닥토닥하면서 장난을 치는 기막힌(?) 장면을 연출했다. 다른 아이들은 그런 둘을 보고는 깔깔대며 웃었다. 나는 화해한 두 아이에게 박수를 쳐주자고 제안했고, 아이들은 다 함께 박수를 쳐주고는 다시 놀이에 몰입했다.

아이들은 왜 놀이를 하면서 끊임없이 싸우는 걸까? 놀이는 혼자 할 수 없기 때문이다. '나홀로 고누'나 '칠교놀이'는 혼자서 하기도 하지만, 이런 놀이는 드물다. 대부분의 놀이는 짝을 짓거나 팀을 이루어야 할 수 있다.

문제는 늘 자신이 좋아하는 사람과 짝을 이루거나 한 팀이 될 수는 없다는 것이다. 또 놀이에서는 마음이 맞는 사람이건 안 맞는 사람이건 관계없이 일단 한 팀이 되면 공동의 목표를 가지고 서로 뭉쳐야 한다. 그러다 보면 아이들은 결국에는 싸우기도 한다. 아직 어린 아이들이라서 감정 표현이 서툴고, 갈등을 해결하는 자생적 능력이 부족하기 때문이다.

중요한 건 놀다가 싸우고 갈등하는 순간이 바로 아이들이 관계 맺기의 기술을 터득할 수 있는 절호의 기회라는 점이다. 놀이 도중에 아이들 간에 갈등이 생겼을 때, 내가 최대한 개입하지 않으려고 하고 아이들끼리 해결하도록 유도하는 이유가 바로 여기에 있다.

'논다'는 것은 '함께한다'는 의미이다.

하지만 요즘 아이들은 누군가와 함께하는 일에 무척 서툴다. 놀다가 누가 자신을 건드리거나 몸과 몸이 부딪치는 걸 유난히 싫어한다. 술래잡기를 하다가 술래가 자신을 치면 그걸 가지고 '때렸다'고 하소연하고, 놀이를 하다가 져서 벌칙을 받으면 다른 아이들이 자기를 '놀린다'고 여기는 경우도 많다. 장난치다가 혹은 친해지고 싶어서 건드려도 그걸 '괴롭힌다'고 여기는 아이들이 갈수록 늘어난다. 아이를 하나만 낳아 키우면서 생긴 현상이다. 다 어른들의 책임이다.

타인과의 관계에서 생긴 갈등이나 문제를 잘 견디고 풀어나가는 능력을 나는 '관계의 맷집'이라고 표현한다. 이 관계의 맷집을 어린 시절부터 길러주어야 건강하고 자존감 있는 아이로 자란다.

초등 1학년인데도 유난히 관계의 맷집이 좋은 남자아이가 한 명 있었다. 그 남자아이는 툭 하면 친구들을 건드린다. 장난을 치느라 그럴 때도 있고, 상대 아이와 친해지고 싶어서 그럴 때도 있다. 대신 누군가가 자신을 건드리거나 상난을 쳐도 싫어하지 않는다. 오히려 한술 더 뜨는 장난으로 응수하며 놀자고 덤빈다.

자꾸만 장난을 치고 친구들을 건드리니 그 아이를 싫어하는 아이들도 일부 있기는 하다. 주로 조용히 놀기를 바라는 여자아이들이 그렇다. 그러나 대부분의 아이는 그 남자아이와 친하게 지낸다. 전형적인 장난꾸러기들이 관계의 맷집이 좋다.

친구와 관계 맺는 것도, 관계에서 생기는 갈등이나 어려움을 견디고 해결하는 것도 아이들이 배워야 할 삶의 과정이다. 놀면서 싸우고 갈등하고 화해한 경험이 많은 아이일수록 어른이 되어 다른 사람과의 관계에서 생기는 갈등이나 어려움도 쉽게 헤쳐나갈 수 있다.

많이 놀게 해주는 것이 건강하고 자존감 있는 아이로 키우는 지름길이다. 놀이는 관계의 맷집을 키워주는 출발점이다.

'눈물 나는 엉덩이'와
'폭소폭탄 엉덩이'

놀이에는 '놀림'이라는 감초 같은 재미가 있다. 한약에 감초가 들어가지 않으면 씁쓸해 먹기 힘들 듯이, 놀이도 '놀림'이라는 요소가 없으면 싱겁기 그지없다.

새 학년 초에 내가 어김없이 하는 놀이가 있는데, 바로 '아이 엠 그라운드 자기 이름 대기'이다. 관계가 서먹서먹할 때 서로의 이름을 알면 더 빨리 친밀해지기 때문이다. 이런 목표를 달성하는 데는 몸과 몸의 부딪침이 있고, 벌칙과 놀림이 함께 있는 이 놀이가 딱이다.

놀이 방법은 간단하다. "아이 엠 그라운드 자기 이름 대기"라고 말하면서 네 박자 손뼉치기를 두 번 한 다음, 세 번째 손뼉치기의 3박자와 4박자에서는 자기 이름을 말하고, 네 번째 손뼉치기의 3박자와 4박자에서는 같이 놀이하는 친구 중에서 한 명의 이름을 말하면 된다. 이때 이름이 불린 아이는 자연스럽게 바통을 이어받아 앞서의 아이와 똑같은 방식으로 손뼉치기를 하며 처음에는 자기 이름을, 두 번째에는 다른 친구의 이름을 말해야 한다.

만약 이때 머뭇거리며 친구의 이름을 대지 못하거나, 혹은 친구와 장난을 치거나 잠시 한눈을 팔다가 자기 이름이 불린 줄 모르고 있으면 벌칙을 받는다. 양옆에 앉은 아이가 틀린 아이를 엎드리게 한 다음, "인디언~~ 밥!!" 하고 외치며 두 손으로 그 아이의 등을 요란스럽게 두드린다. 이른바 '인디언 밥' 벌칙이다.

이 벌칙 덕분에 '아이 엠 그라운드 자기 이름 대기' 놀이는 역동성을 갖는다. 잠시 방심하면 벌칙을 받게 될지 모른다는 긴장감, 벌칙으로 받는 요란한 등 두드림, 그리고 그 순간 터져 나오는 아이들의 환호와 놀림이 가만히 앉아서 하기에 자칫 정적일 수 있는 이 놀이를 역동적으로 변화시킨다.

'인디언 밥'보다 더 강하고 재미난 벌칙도 있다. 틀린 아이의 양옆에 앉은 아이가 "얘들아, 엄마 스머프 봤니?" 하고 묻고, 나머지 아이들이 다 같이 "아니."라고 대답하면 두 아이가 틀린 아이의 등을 두드린다. 이때 나머지 아이들은 다 함께 손뼉을 치며 "랄랄라 랄랄라 랄라랄라라~." 하고 노래를 불러준다. 그러면 '인디언 밥' 벌칙을 줄 때보다 분위기가 훨씬 더 역동적이 되고, 노래 박자에 맞춰서 등을 두드리다 보면 틀린 아이의 등을 총 16번이나 때릴 수 있다.

여기서 끝이 아니다. "아빠 스머프 봤니?" "할머니 스머프 봤니?"와 같이 할아버지, 삼촌, 이모 등으로 호칭을 바꿔가며 계속해서 벌칙을 줄 수 있다. 얼마나 벌칙을 줄 것이냐는 전적으로 양옆에 앉은 아이들 마음에 달려있다. 틀린 아이가 너무 오래 맞았다 싶으면 두 아이가 "얘들아, 가가멜 봤니?"라고 묻는다. 스머프의 천적을 등장시키면, 나머지 아이들이 다 같이 "응."이라고 대답하면서 벌칙 주기가 끝이 난다.

보통은 엄마, 아빠 두 번 정도에서 끝나지만 가끔 장난꾸러기들한테 걸리면 할머니, 할아버지 이상으로 가기도 한다. 누구 옆에 앉느냐에 따라 벌칙을 얼마나 받느냐가 달라지는 것이다.

그러다 보면 가끔은 우는 아이도 생긴다. 주로 1학년이나 2학년 아이들이 우는데, 이런 경우는 대부분 벌칙 주는 아이들이 너무 신이 난 나머지 세게 때렸기 때문이다. 어린 아이들이라서 장난기가 조절이 안 되는 것이다. 그렇다고 하더라도 아이들은 벌칙을 주고 놀리는 재미를 포기하지 않는다. 놀림은 놀이의 한 요소이자 그 자체가 놀이이기 때문이다.

그런데 요즘은 놀이 속에서 놀림이나 벌칙 받는 것에 익숙하지 않은 아이들을 자주 보게 된다. 초등학교 돌봄교실에서 포수놀이를 할 때의 일이다. 포수 아이가 왕이 명령한 동물을 잡아오지 못해 벌칙으로 '엉덩이로 이름 쓰기'를 하게 되었는데, 그 아이가 갑자기 표정이 어두워지더니 울음을 터뜨렸다. 여러 사람 앞에서 엉덩이로 이름을 쓰는 게 창피하기도 하고, 자기가 놀림을 당하는 것 같아 서러웠던 모양이다. 하기 싫으면 안 해도 된다고 말하면서 달래주어도 계속 울기만 했다.

갈수록 벌칙과 놀림을 놀이와 재미로 받아들이지 못하는 아이들이 많아진다. 왜 그럴까? 놀이를 충분히 해 보지 못해서 그렇다. 놀이 속 놀림을 통해 마음이 단단해지는 경험을 할 기회가 그만큼 적은 것이다. 관계의 맷집이 아이들에게서 점점 사라지고 있다.

물론 아무리 놀이라고 해도 놀이에 참여한 주체가 놀림이나 벌칙받기를 지나치게 불쾌해하거나 수치심을 느낀다면 하지 말아야 한다. 그러나 놀이 속 놀림은 대부분 일상의 놀림과는 달라서 그런 일이 일어나는 경우가 드물다. 일상 속 놀림에는 상대 아이를 뚱뚱하다거나 못생겼다고 놀리는 것처럼 하지 말아야 할 행동도 있어서 놀림당하는 아이가 상처를 받기도 한다.

이에 반해 놀이 속 놀림은 승부를 가리기 위한 경쟁과 부대낌 속에서 자연스럽게 생성되는 건강한 행위이다. 놀이에서 진 아이에게 벌칙을 주면서 놀리기, 놀이에서 이기고 싶고 좀 더 빨리 놀고 싶은 마음에 상대편이 지게 해달라고 기도하기, 상대편을 놀려서 놀이에 집중하지 못하게 방해하기 등은 놀이에서 암묵적으로 허용하는 행위이다. 이 놀림이 놀이에 고소하고 달달한 재미를 더한다.

하지만 벌칙과 놀림을 불편해하는 아이들이 많아지면서 이제는 놀이에도 문화적 변화가 생겨나고 있다. 청소년 상담가 친구로부터 들은 바로는, '엉덩이로 이름 쓰기'가 아이들에게 수치심을 느끼게 할 우려가 있다는 이유로 인권위원회에서 되도록 자제하라고 권고하고 있단다. 재미있자고 하는 놀이 속 벌칙과 놀림이 왕따가 횡행하는 현실에서는 수치심을 유발하는 행위가 된다니 참으로 안타까운 일이다.

똑같이 '엉덩이로 이름 쓰기' 벌칙을 받아도 어떤 아이는 구경

하는 아이들이 폭소를 터뜨리게 만든다. 친구들이 '그만하고 들어오
라.'고 말려도 엉덩이를 180도로 빙글빙글 돌려가며 신나게 '엉덩이
로 이름 쓰기'를 한다. 놀이 속 놀림을 스스로 즐기고 그 재미를 증폭
시키며 장난을 친다. 놀이와 벌칙을 구분하지 않고 즐기는 것이다.

  아이들이 놀이 속에서 건강한 놀림을 더 많이 경험하기를 바란

다. 놀림이나 벌칙을 대수롭지 않게 받아들일 수 있는 맷집을 키우기를 바란다. 그러려면 아이들에게 지금보다 더 많이 놀 수 있게 해줘야 한다. 많이 놀면서 자란 아이들이 관계의 맷집도 세다.

넌 언제나 내 단짝이야

놀이는 '아이들의 언어'라고 하는 말이 있다. 자신의 기분이나 생각을 스스로 파악하고 말로 적절하게 표현하는 능력이 아이들은 어른들만큼 발달해있지 않아서 자신이 경험한 것, 생각하고 느끼는 것을 놀이를 통해 표현한다는 것이다. 특히 부정적인 감정일수록 그렇다고 한다.

나는 이 사실을 놀이 수업을 하면서 깨달았다. 둘이 짝을 하겠다고 떼를 쓰던 단짝 친구가 어느 날 갑자기 서먹서먹한 사이가 되기도 하고, 그러다가 순식간에 다시 예전의 절친으로 돌아가기도 하는데, 그 과정에서 둘 사이에 오고 가는 감정의 파고가 놀이라는 창을 통해 고스란히 드러난다. 어떻게든 한 공간 안에서 몸으로 부딪히고 마음으로 부딪치다 보면 아이들은 자연스럽게 불편했던 감정을 겉으로 드러내게 마련인 것이다.

다행스러운 건 아이들이 놀이를 통해 불편하지만 말로 표현할 수 없던 감정을 어느 정도 해소하고 나면, 스스로 자연스럽게 화해할 기회를 찾기 시작한다는 것이다. 둘 사이가 멀어진 이유가 사실은 그리 대단한 일이 아니라 아주 사소한 일 때문이라는 것, 그리고 이 정도 일로 친구와 멀어지고 싶지 않은 자신의 감정도 알게 된다.

놀이는 아이들에게 불편한 감정을 해소하는 통로가 되어주고, 관계의 갈등을 풀어주는 징검다리 역할을 해준다.

내가 놀이 수업을 하는 반에 친구들과 선생님 모두가 인정하는 단짝 친구가 있었다. 두 여자아이가 성격이 정반대라서 그 둘을 아는 사람이라면 단짝 친구라는 사실을 처음 알고는 한 번쯤 고개를 갸우뚱할 정도였다. 한 아이는 아주 세심하고 소심한 성격이라서 조금만 속상한 일이 생겨도 눈물을 뚝뚝 흘렸다. 반면 다른 한 아이는 성격이 아주 대범해서 웬만한 일에는 끄떡도 하지 않았으며 대찬 데가 있었다. 그래서 눈물 많은 자기 단짝 친구를 누가 괴롭히기라도 하면, 보디가드처럼 나서서 막아주며 엄호해주었다.

하루는 놀이 수업을 시작하려는데, 눈물 많은 여자아이가 기분이 좋지 않아 보였다. 눈물이 그렁그렁한 눈으로 나에게 오더니, 그날은 놀고 싶지 않다고 했다. 무슨 일인가 싶어 대범한 아이 쪽을 바라보니, 그 아이는 자기 단짝 친구를 쳐다보지도 않고 다른 아이들과 수다를 떨기에 여념이 없었다. 아무래도 둘 사이에 무슨 일로 있었던 것 같은데, 아직 서운한 감정을 풀지 못한 모양이었다. 화해를 시켜줘야 하나 싶어서 대범한 성격의 아이를 따로 불러 물어봤지만, 그 아이는 별일도 아닌데 저렇게 삐진 거라며 짜증난다는 듯 얼굴을 붉혔다. 하는 수 없이 눈물 많은 아이에게 그날 하루는 놀이판에 들어오지 않아도 된다고 허락해주고 수업을 시작했다.

대범한 아이는 교실 한쪽 구석에 혼자 있는 친구를 아랑곳 하지 않고 다른 친구들과 어울려 신나게 놀이 수업을 했다. 그 모습을 보고 있자니 내가 괜히 신경이 쓰여서 자꾸만 눈물 많은 아이 쪽을 흘끔흘끔 돌아보게 되었다. 그런데 혼자 종이접기를 하고 있던 눈물 많은 여자아이의 눈길이 계속해서 자신의 단짝 친구를 쫓고 있었다. 우연히 눈이 마주치기를 바라면서도, 혹시라도 진짜로 눈이 마주치게 될까 봐 대놓고 보지는 못하고 있었다. 어쨌든 신경이 온통 신나게 놀고 있는 자신의 단짝 친구에게 가 있는 것만은 분명했다.

그 모습을 보니 그 둘 사이에 얽혀있는 감정의 실타래가 어떤 것인지 알 것 같았다. 눈물 많은 여자아이는 워낙 섬세한 성격이라서 무슨 일이든 마음이 풀리는 데 시간이 오래 걸리는 편이었다. 하지만 단짝 친구는 대범한 성격이다 보니 아마도 둘 사이에 있었던 사건(?)을 쉽게 사과하고 금세 잊었을 것이다. 친구의 그런 태도에 눈물 많은 여자아이는 서운한 감정을 갖게 됐을 테고, 대범한 아이는 그런 친구를 이해할 수 없어 짜증이 났을 것이다. 둘 다 감정이 불편하니 예전

처럼 어울리기가 어려운 것이다

다행히 놀이에는 아이들이 관계의 갈등을 풀 수 있도록 돕는 힘이 있다. 나는 내가 굳이 나서지 않아도 놀이를 통해 두 아이가 화해할 계기를 찾으리라고 믿었다. 그래서 모르는 척 놔두기로 했다.

내가 예상했던 것보다 그 순간은 빨리 찾아왔다. 망줍기 놀이를 할 때였다. 대범한 아이가 망줍기 4단에 도전하고 있는데, 상대 팀 남자아이 한 명이 갑자기 그 아이가 금을 밟지 않았는데도 금을 밟았다고 주장하기 시작했다. 가만 보니 대범한 아이가 망줍기를 워낙 잘해서 자기 팀에 도무지 기회가 오지 않자, 놀고 싶은 마음에 거짓말을 하는 것 같았다.

결국 놀이가 중단되었다. 아이들은 서로 금을 밟았네 안 밟았네, 거짓말을 하네 안 하네 하며 옥신각신했다. 나는 남자아이의 양심을 믿고 좀 더 이 상황을 지켜볼 것인지, 아니면 이 사안을 다수결에 부쳐야 할지를 두고 고민하고 있었다. 그때였다. 눈물 많은 아이가 불쑥 논쟁의 한 가운데로 끼어들었다.

"얘는 금 안 밟았거든. 내가 똑똑히 봤어."

금을 밟았다고 주장한 상대 팀 남자아이는 화가 많은 아이였다.

"야! 넌 놀이에 참여하지도 않았잖아. 죽을래?"

남자아이는 당장이라도 눈물 많은 아이를 때릴 듯한 몸짓을 취했다. 눈물 많은 아이는 금세 겁에 질린 얼굴이 되었고, 그 남자아이

66

의 성격을 잘 아는 나머지 아이들도 누구 하나 그 상황에서 선뜻 나서지 못했다. 그때 누군가가 눈물 많은 아이를 자신의 몸으로 막아서면서 그 남자아이의 손을 탁 잡았다.

"얘가 봤다잖아. 네가 뭔데 얘를 때리려고 하니?"

날카로운 목소리로 이렇게 말하면서 남자아이를 노려보는 아이는 바로 눈물 많은 아이의 단짝 친구였다. 더 이상 사태가 커지는 걸 막기 위해 나는 이 사안을 다수결에 부치자고 아이들에게 제안했다. 그 결과 금을 밟지 않은 걸로 결론이 났고, 그날 놀이 수업을 무사히 마무리할 수 있었다.

이 일을 계기로 두 아이는 언제 싸웠냐는 듯 자연스럽게 예전의 둘도 없는 단짝 친구 사이로 돌아갔다. 화해하고 싶었지만 서운한 감정이 남아 불편한 관계에 빠진 두 아이에게 놀이가 화해의 계기를 마련해준 것이다. 놀이를 통해 서로의 마음을 확인하면서 그동안 얽힌 감정의 실타래도 자연스럽게 풀려나갔다.

놀이 속에서는 온갖 상황이 벌어지며, 아이들은 그 속에서 온갖 감정을 쏟아낸다. 아이들이 느끼는 미움, 질투, 화, 시기심, 좌절, 슬픔이 놀이를 통해 드러난다. 이런 감정들도 잘 다독이면 마음을 단단하게 해주는 힘이 된다. 상대방의 상황과 감정을 이해하는 폭도 넓어진다.

놀이가 주는 힘으로 아이들은 친구와 때때로 갈등을 겪고 좌절을 경험하면서도 그 고비를 넘고 새롭게 관계를 키우며 함께 성장해 나간다.

"딱지놀이를 하다 보면 스트레스가 쌓여요"

놀이에는 재미의 요소만 있는 게 아니라 승부의 요소도 있다. 모든 놀이에는 저마다 나름의 승부의 요소가 있게 마련이지만, 그 중에서도 승부의 요소가 특히 강한 놀이를 꼽자면 딱지놀이를 빼놓을 수 없다. 딱지놀이는 아이들에게 승부욕을 불태우게 만들 뿐 아니라 강한 소유욕을 갖게 만든다. 그 옛날 종이로 만든 딱지가 요즘과 같은 카드 형태로 변천하기까지 딱지놀이가 지속적으로 인기를 얻는 이유는 바로 이 강력한 승부의 요소 때문이다. 그래서 나는 수업 시간에 옛날 추억의 딱지놀이를 소환해내곤 한다. 승부의 결과를 인정하는 법을 배우는 데 딱지놀이만큼 좋은 게 없기 때문이다.

그런데 요즘 아이들이 하는 딱지놀이는 지금의 40-50대 중년 세대가 어린 시절에 하던 놀이와 많이 다르다. 예전에는 종이가 귀해 누런 소포 봉투나 어쩌다 얻은 빳빳한 종이로 직접 딱지를 만들었지만, 요즘은 딱지를 문구점에서 판다. 말랑말랑한 재질로 만들어진 모양이나 형태로 보아 딱지보다는 카드에 더 가깝다고 할 수 있다. 놀이 방법도 완전히 다르다. 상대의 딱지를 쳐서 뒤집히면 따먹는 게 아니라, 카드 안에 그려진 캐릭터가 가진 능력으로 승부를 가린다. 그래도 딱지 한 장에 울고 웃는 풍경만큼은 예나 지금이나 다르지 않다.

나는 놀이 수업에서 딱지놀이를 할 때 아이들에게 딱지를 문구점에서 사지 말고, 스스로 직접 만들어서 가지고 오라고 얘기한다. 쉽게 구할 수 있는 다 먹은 우유팩을 활용하면 완벽한 양면 딱지를 만들 수 있다고 알려주기도 한다. 환경을 보호하고 자원을 아끼자는 의미도 있지만, 돈으로 산 딱지보다 자기 손으로 직접 만든 딱지가 더

소중한 법이기 때문이다. 직접 만든 딱지로 놀이를 하면 남자아이들은 꼭 이렇게 묻는다.

"얼씨구, 이거 가판이에요? 진판이에요?"

가판이란 '가짜 판'이라는 의미로, 져도 딱지를 잃지 않는 판을 말한다. 반대로 진판이란 '진짜 판'이라는 의미로, 지면 자신의 딱지를 진짜로 내줘야 한다. 그러니 '가판이에요? 진판이에요?'라는 질문은 '그냥 신나게 놀면 되는 건가요, 아니면 목숨 걸고 이겨야 하는 건가요?'라고 묻는 것과 다르지 않다.

실제로 '가판'일 때는 자신의 딱지가 뒤집어져도 아이들이 보이는 반응이 "아~." 하는 안타까운 탄식 정도로 끝난다. 하지만 '진판'일 때는 반응이 180도 달라진다. 서로 주거니 받거니 딱지를 내리쳐도 좀처럼 승부가 나지 않다가 어느 순간 홀라당 자신의 딱지가 뒤집어져 남의 것이 될 때, 그 딱지 한 장이 뭐라고 아이들은 억울하고 속상해서 어쩔 줄 몰라 한다. 몇 판을 내리 잃으면 울기까지 하는 아이도 있다. 오죽하면 백창우 작곡가가 아이들이 쓴 시에 곡을 붙여 만든 노래 〈딱지놀이〉에 이런 가사가 나올까. "딱지가 한 장 넘어갈 때 나는 내가 넘어가는 것 같다." 딱지놀이를 해본 사람이라면 이 가사에 실린 감정이 어떤 건지 잘 알 것이다.

내가 몸담고 있는 〈사단법인 놀이하는 사람들〉^{이후 (사)놀이하는사람들}에서는 몇 년 전부터 1960-70년대 추억의 그림이 담긴 동그란 종이딱지를 복원해서 아이들과 함께 그때 그 시절 놀이를 하고 있다. 아동친화구인 성북구에서 돌봄교실을 할 때는 아이들과 함께 딱지놀이 대회를 열어 딱지왕을 선발하기도 했다.

그날 대회에 참가한 아이들 중에 유독 기억에 남는 남자아이가 한 명 있다. 그 아이는 승부욕이 강했다. 어떤 놀이건 금방 익히고 주도했으며, 늘 이기기 위해 최선을 다했다. 딱지대회에서도 눈부신 활약을 펼쳤다. 예선에서 우승을 차지했다가 역전을 당했고 다시 우승을 했지만 결승전에서 아깝게 져서 2위에 그치고 말았다.

대회가 끝난 뒤 소감을 물었을 때 아이는 이렇게 말했다.

"저는 딱지놀이가 너무 재미있어요. 그래서 딱지놀이를 하면 스트레스가 풀려요. 하지만 딱지를 잃으면 오히려 스트레스가 쌓여요. 그걸 풀려고 딱지놀이를 계속 하다가 또 딱지를 잃으면 스트레스가 더 쌓여요. 오늘은 결국 스트레스가 쌓이고 말았어요."

놀이에서 승부란 뭘까? 이기는 것뿐만 아니라 지는 것도 포함하는 개념이다. 아이들에게는 놀이에서 지는 것도, 딱지를 잃는 것도, 상대가 이기고 있다고 잘난 척하는 것도 다 스트레스다. 그렇지만 이 모두는 놀이 도중에 벌어지는 자연스러운 일이다. 그래서 자주 놀다보면 이런 일에 익숙해진다. 나중에는 져도 스트레스를 덜 받게 된다. 더 나아가 남의 딱지를 따기도 하고, 자기 딱지를 잃기도 하는 자체가 승부 못지않게 재미있다는 사실도 알게 된다. 이 친구한테는 이기고

저 친구한테는 지기도 해 보면서, 그 과정에서 딱지의 기술을 터득하기 위해 이런 저런 방법을 시도해보는 즐거움도 알게 된다. 놀이가 주는 진정한 즐거움이 바로 여기에 있다.

나는 그 남자 아이에게 이렇게 대답해주었다.

"그러면 앞으로는 지금까지 해왔던 것보다 더 자주 딱지놀이를 해 보렴. 하고, 또 하고, 자꾸자꾸 하다 보면 졌다가 이기고, 안 되다가 되고, 오늘은 죽었다가 내일은 산다는 걸 알게 될 거야. 그리고 지고, 안 되고, 죽는 게 별 거 아니란 것도 알게 된단다."

실제로 많이 놀아본 아이들은 승부에 연연하지 않고 놀이 자체를 즐길 줄 안다. 금을 밟고 죽었다가 다시 살아나고, 술래한테 잡혀 감옥에 갇혔다가 풀려나고, 오늘은 졌지만 내일은 이기는 게 놀이라는 것을 아는 것이다.

놀이는 이겨도 재미있고, 져도 재미있는 것이다.

그래서 나는 놀이에 져서 우는 아이에게 늘 이렇게 복창시킨다.
"놀이는 놀이일 뿐-(놀이는 놀이일 뿐!)
이기고 지는 것에-(이기고 지는 것에!)
죽고 살지 말자-(죽고 살지 말자아~!!)"
그러면 울던 아이의 표정이 조금 밝아진다.

반칙왕의 최후

승부는 놀이에서 감초 역할을 하기도, 때로는 독이 되기도 한다. 재미는 뒷전이고 이기는 게 전부가 될 때 그렇다. 졌다고 화내고, 안 된다고 짜증내고, 죽었다고 삐치고, 안 죽었다고 우기고, 이기겠다고 규칙을 어기는 아이들이 많아지면 놀이 분위기가 흐트러지고, 때로는 놀이판이 깨지기도 한다.

나와 3년간 놀이 수업을 한 아이들 중에 유독 지는 걸 못 견디는 남자아이가 한 명 있었다. 처음 만났을 때 그 아이는 중학교 1학년이었는데, 놀이에서 지거나 죽으면 아니라고 우기고 억지를 부렸다. 오죽하면 아이들 사이에서 '반칙왕'이라는 별명을 얻을 정도였다.

그래도 아랑곳 하지 않고 그 남자아이는 날 보면 반쯤은 장난 삼아 "선생님, 저는 오늘도 반칙할 거예요, 반칙을 해야 재미있어요." 라고 입버릇처럼 말하곤 했다. 솔직히 그 말을 처음 들었을 때만 해도 나는 피식 하고 웃어 넘겼다. 살짝 하는 반칙은 놀이에 재미를 더해주는 애교이기 때문이다.

나중에 보니 그 아이가 하는 반칙은 그 정도가 아니었다. 그 아이는 놀이에서 지거나 죽으면 무효라고 하면서 선생님의 판정을 문제 삼았고, 상대 팀을 트집 잡아 규칙을 자기한테 유리하게 바꾸려고 들기까지 했다. 그렇게 행동하지 못하도록 제재하면 화를 내고 심지어 교실 밖으로 나가버리기까지 했다. '반칙왕'이라는 별명이 그냥 생긴 게 아니었던 것이다.

가장 걱정스러운 점은 그 아이가 규칙 그 자체를 인정하지 않고 거부한다는 점이었다. 그 아이를 이대로 놔두면 놀이 수업을 진행하기가 어려울 뿐더러 다른 아이들까지 피해를 입을 수 밖에 없었다. 나는 어떻게든 그 아이의 행동을 바로잡아야겠다고 마음먹었다.

다음 수업에서 바로 기회가 왔다. 그날은 아이들과 망줍기 놀이를 하기로 했는데, 한동안 순조롭게 진행되던 놀이가 반칙왕 아이가 속한 팀이 뒤쳐지면서 평화가 깨졌다. 반칙왕 아이가 상대 팀 아이가 금을 밟지 않았는데도 밟았다고 우기기 시작한 것이다. 상대 팀 아이들도 가만히 있지 않았다. 결국 놀이가 중단되고 설전이 벌어졌다.

"내가 두 눈으로 똑똑히 금 밟는 거 봤다니까."

"거짓말하지 마. 우린 안 밟았다고."

자신의 주장이 안 통하자 반칙왕 아이는 자신과 같은 팀인 아이 한 명에게 "야, 너도 쟤네가 금 밟는 거 분명히 봤지?"라고 하면서 동의를 구하기까지 했다. 입장이 난처해진 그 아이는 잠시 망설이다가 이렇게 대답했다. "내가 봤는데, 쟤네는 금을 안 밟았어. 근데 네가 무서워서 밟았다고 말해야 할 것 같아." 반칙왕 아이가 화를 낼까 봐 겁이 나서 거짓말을 해야 할 것 같다는 이야기였다. 기회를 보고 있던 나는 이 즈음에서 중재에 나섰다.

"우리 이렇게 하면 어떨까? 앞으로는 놀이할 때 누가 금을 밟는지 서로 눈을 크게 뜨고 살펴보자. 만약 그래도 시비가 생기면 그땐 다수결에 부쳐서 그 결정에 따르기로 하자. 어때, 동의할 수 있겠니?"

의외로 반칙왕 아이는 조금 생각해보더니 순순히 그렇게 하겠다고 말했다. 덕분에 중단되었던 놀이가 다시 시작되었다.

내가 반칙왕 아이의 행동을 꾸짖지 않고 이런 제안을 하게 된데는 그럴만한 이유가 있었다. 놀이할 때는 누구라도 당연히 규칙을 지켜야 한다. 한두 명이라도 규칙을 어기거나 문제 삼기 시작하면, 규칙을 지키는 나머지 아이들이 억울해지기 시작하면서 놀이판 자체가 깨지기 때문이다. 그러나 이것이 규칙 그 자체를 중요시해야 한다는 의미는 아니다.

놀이에서 규칙이란 합의의 과정을 거칠 때 그 의미가 배가 되고 지켜야 할 필요성도 더 커진다.

반칙왕 아이의 행동을 바로잡으려면 규칙을 따르라고 강제하기보다는, 규칙을 합의하는 과정에 참여시켜 함께 규칙의 의미를 생각해보게 하는 경험이 필요하다고 본 것이다.

새로운 규칙을 제안한 이후로 나는 반칙왕 아이가 놀이 도중에 상대 팀을 트집 잡거나, 놀이에서 지고도 자기가 안 죽었다고 우기면서 억지를 부리면 우리가 합의한 대로 문제를 해결하도록 이끌었다.

그러면 반칙왕 아이는 그날은 규칙에 수긍을 했다가도 다음 놀이 수업이 오면 또 다시 같은 행동을 반복했다. 나는 흔들리지 않고 다음 수업 시간에도, 그 다음 수업 시간에도 똑같은 과정을 반복했다. 반칙왕 아이와 규칙을 놓고 수차례 대화했고, 매번 다시 합의를 이끌어냈다. 그러느라 수업 시간이 꽤 축났지만, 대신 반칙왕 아이가 놀이 도중에 억지를 부려서 놀이를 계속 진행하기 어려운 분위기가 되는 일은 조금씩 줄어들었다.

나는 한 걸음 더 나아가 아이들에게 놀이할 때 하지 말아야 행동을 포함해서 규칙을 다시 정하자고 제안했다. 뜻밖에 반칙왕 아이도, 다른 아이들도 순순히 동의했다. 아이들도 놀이 분위기가 깨져서 노는 시간을 빼앗기는 게 싫었던 것이다.

그날 아이들과 함께 정한 놀이 규칙 3계명은 다음과 같다.

1. 규칙을 잘 지킨다.
2. 규칙을 두고 시비가 생기면 다수결로 정한다.
3. 화가 난다고 소리 지르거나 교실 밖으로 나가지 않는다.

아이들은 이 규칙을 지키지 않을 경우를 대비한 벌칙도 정했다. 합의가 끝난 후 나는 다 함께 정한 이 규칙을 아이들 스스로 직접 적도록 했다. 그런 다음 그 종이를 교실에서 가장 눈에 잘 보이는 벽에

붙여두었다.

그렇게 한다고 해서 반칙왕 아이의 행동이 크게 바뀐 건 아니었다. 달라진 건 오히려 반 아이들이었다. 그날 이후로 반칙왕 아이가 우기는 행동을 하면 다 함께 정한 규칙을 지키라고 요구했고, 그래도 계속해서 우기면 그에 따른 벌칙을 받으라고 요구했다.

처음에 반칙왕 아이는 억울해하며 반 친구들과 함께 정한 규칙을 거부하려고 했다. 하지만 결국에는 아이들의 요구를 받아들였다. 벌칙도 수행했다. 왜냐하면 이 규칙은 선생님이 주도해서 만들었지만, 자신도 그 과정에 직접 참여해서 함께 합의했기 때문이다.

이런 일이 반복되면서 반칙왕 아이의 행동이 조금씩 달라졌다. 놀이 수업 분위기도 한층 나아졌다.

놀이는 규칙을 통해 절제하는 법을 배우는 과정이다.

놀이 속 규칙을 통해 아이들은 이기고 싶은 욕구를 자제하는 법을 배우고, 문제를 해결하고 협의하고 타협하는 법도 배운다. 다만 이것은 아이가 놀고 싶은 마음이 더 큰 경우에 가능한 일이다.

그렇다면 나와 함께 3년간 놀이 수업을 하면서 반칙왕 아이는 그 후로 얼마나 달라졌을까? 중학교 3학년이 된 그 남자아이와 놀이 수업을 하던 어느 날, 그 아이가 이렇게 말하는 소리가 들렸다.

"얘들아, 그러면 안 되지. 규칙을 지켜야지."

순간 내 귀를 의심했지만, 그 말을 한 아이는 분명 내가 알던 바로 그 반칙왕 아이였다.

일단 내가 살고 보자

미세먼지가 많고 날씨는 추워 아이들이 나가서 놀기 힘든 겨울이었다. 이런 날 좁은 교실에서 맘껏 뛰며 놀 수 있고, 그러면서도 나가서 뛴 듯한 느낌을 주는 놀이로는 호랑이 굴 놀이가 아주 적당하다. 그런데 그날은 놀이를 시작하자마자 아이들이 자기 혼자 살겠다고 친구를 밀치는가 하면, 서로 술래가 안 되겠다고 친구를 원 밖으로 밀어내다가 싸우고 울고불고 난리가 났다.

평소에도 아이들은 호랑이 굴 놀이를 할 때면 조금씩 이기적인 마음을 드러내곤 한다. 이 놀이에서 주인공은 술래라고 생각해 서로 술래가 되려고 하는 아이들이 있는가 하면, 어떤 아이들은 술래가 얼마나 힘든지 알기에 서로 술래를 안 하려고 한다. 또 호랑이 굴 놀이에서는 맨 마지막까지 살아남는 자가 주인공이라고 생각하기에 아이들은 서로 최후에 남은 1인이 되고 싶어 한다. 그래서 놀이가 시작되면 아이들은 일단 남을 밀쳐내고 자기만 살고자 하는 경우가 많다. 많이 놀아보지 못해서 그렇다.

그런 모습을 볼 때면 나는 우리 사회의 좋지 않은 일면이 아이들에게 여실히 드러나는 것 같아 마음이 안타깝다. 친구가 모르는 문제를 물어보면, 요즘 아이들은 답을 알아도 자신이 1등을 하기 위해 일부러 가르쳐주지 않는다고 한다. 호랑이 굴 안에서 서로 자기만 살겠다고 친구를 밀어내는 아이들 모습이 남을 밟고 밀쳐내야 내가 이기는 경쟁사회의 축소판처럼 보일 때도 있다.

보다 못한 나는 놀이를 멈추고 원 안에 아이들을 앉혔다.

"얘들아, 놀래를 할 때 술래에게 안 잡히고 살아남으려면 어떻게 해야 할까? 옆에 있는 친구를 밀어야 할까? 다른 방법은 없을까?"

놀랍게도 아이들은 대답을 하지 못했다. 위기에 처했을 때는 서로가 서로를 꼭 껴안고 최대한 몸을 밀착해야 한다는 걸 한 번도 배워보지 못한 아이들처럼 눈만 말똥말똥 뜨고 나를 쳐다볼 뿐이었다.

"다음 시간에 호랑이 굴 놀이를 또 할 테니까, 그때까지 너희끼리 놀면서 답을 알아와라."

놀이판에서 죽지 않고 살아남는 방법은 어떤 놀이에나 존재한다. 그러나 내가 그 방법을 먼저 가르쳐주면 아이들이 스스로 알아가는 재미를 얻을 수 없기에, 나는 최대한 알려주지 않으려고 한다.

다음 놀이 수업 시간이 돌아왔을 때 아이들은 답을 얻어낼 만큼 놀지 않았다. 심지어 교실 바닥에 놀이판을 그리기 위해 붙여놓은 테이프의 일부가 떼어져 있기까지 했다. 그러나 지난 시간에 했던 호랑이 굴 놀이가 머릿속에 강렬한 인상을 남겼는지, 아이들은 그 놀이를 또 하고 싶어 했다.

처음에 아이들은 서로 살겠다고 지난 시간과 똑같은 방법을 되풀이했다. 그러다가 원 안에 단 두 명만 살아남게 되자, 두 아이는 서로를 꼭 껴안고 술래에게 둘 다 채이지 않으려고 몸을 최대한 원의 중앙에 두면서 안간힘을 다하는 모습을 보였다. 여럿이 모여있을 때는 뭉치려고 하지 않던 아이들이 둘만 남으니 절박했나 보다.

나는 두 아이가 몸으로 보여준 이 순간을 놓치지 않고 나머지 아이들에게 설명했다.

"얘들아, 잘 봐. 바로 이렇게 하는 거야. 둘이서 꼭 껴안고 뭉쳐 있을 때는 술래들이 잘 못 치지? 그런 것처럼 여럿이 있을 때도 똘똘 뭉쳐있으면 술래가 더 치기 힘들겠지? 자, 다시 해 보자."

두 번째 판이 시작됐다. 조금 약은 아이들은 가운데로 얼른 가서 자리 잡았고, 조금 행동이 느린 아이들은 곁에서 중앙에 있는 아이들을 싸안고 술래에게 채이지 않으려고 안간힘을 썼다. 술래는 뱅뱅 원을 돌면서 손을 뻗어 누구 한 명이라도 치려고 열심히 몸을 움직였다. 그러다가 드디어 한 명을 쳐서 술래가 두 명이 되었고, 술래들이 양쪽에서 치기 시작하자 아이들은 서로 싸안고 더 뭉치기 시작했다. 좁은 공간에서 몸을 움직이다 보니 밀리는 아이들이 생기고 엎치락 뒤치락 위치가 바뀌기도 하였다. 하지만 아이들은 드디어 몸으로 깨달았다. 뭉치면 살고 흩어지면 죽는다는 진리를 말이다.

이처럼 호랑이 굴 놀이를 통해 놀래 아이들은 뭉치면 살 수 있다는 이치를 몸으로 체득한다. 한편으로 술래 아이들은 자신의 몸을 가장 적극적으로 움직여보는 경험을, 그리고 자신과 같은 술래를 점점 더 많이 얻은 후에는 서로 손을 맞잡고 몸을 늘려 놀래를 치는 공동체 체험을 하게 된다. 진치기, 진놀이, 깡통술래잡기, 호랑이 굴, 안경놀이 등 수많은 몸놀이가 이처럼 팀을 이루어 결속하게 하는 속성을 갖고 있다.

몸놀이에는 남을 누르고 내가 사는 것이 아니라, 공동의 과제를 수행하면서 너와 내가 함께 살아가는 방법이 숨겨져 있다.

호랑이 굴에서 서로 껴안고 부둥켜안는 행위, 개뼈다귀에서 한 사람이 끌려가면 서로 잡아주고 죽지 않게 도와주는 행위 등은 함께 살아가는 기술을 몸으로 터득하는 놀이 규칙의 묘미이다.

호랑이 굴 놀이를 마칠 때쯤 나는 아이들을 불러 모아 앉혔다.

"얘들아, 어때? 친구를 밀어내는 방법 말고도 오래 살아남는 방법이 있다는 걸 이제 알았지?"

"네~."

"자, 따라해 봐, 뭉치면 살고- (뭉치면 살고~~!)

흩어지면 죽는다- (흩어지면 죽는다~~!)"

아이들이 까랑까랑하게 큰 소리로 외친다. 위기의 순간이 닥쳤을 때 떠오를 만큼 이 소리가 아이들 마음에 각인되기를 바란다.

나는
개뼈다귀 놀이가 좋다

내가 놀이 수업 시간에 아이들과 함께 하는 몸놀이 중에 '축구'라는 주문을 부르는 놀이가 있다. 놀이 방법은 이렇다. 먼저 아이들끼리 가위바위보를 해서 1,2,3등을 가린다. 이때 꼴찌한 사람이 술래가 되어 화장실 자세로 쭈그리고 앉거나 서 있으면_{뜀틀 역할을 하기 위하여} 1등을 한 아이는 '축구'라는 주문을 외치고 술래를 뛰어넘는다. 그런 다음 깍지 낀 두 손을 야구 방망이처럼 휘둘러 술래의 엉덩이를 힘껏 친다. 이때 술래가 움찔하면서도 발을 움직이지 않고 그 자세로 버티면 1등이 술래가 된다. 반대로 술래가 휘청이다가 발을 움직이면 1등은 통과다. 이어서 2등과 3등도 1등과 마찬가지로 '축구'라고 주문을 외친 다음, 술래를 뛰어넘고 앞서와 똑같이 깍지 낀 두 손으로 술래의 엉덩이를 쳐서 승부를 가린다.

어느 지역아동센터에서 전 학년 아이들이 모여 축구 주문 놀이를 한 적이 있다. 이날 하필이면 가장 나이가 어린 1학년 동생이 첫 번째 술래가 되었다. 또래와 이 놀이를 할 때는 두 손을 모아 술래의 엉덩이를 '퍽' 소리 나게 때리던 고학년 아이들이 어린 동생이 술래가 되자 대체로 살살 쳐주는 분위기가 되었다. 가끔 장난 삼아 세게 치는 아이가 있으면 나머지 아이들이 "야, 어린 동생한테 그렇게 세게 치냐? 너무한다, 너무해."라고 한마디씩 하면서 깔깔대고 웃었다. 그러면 술래가 된 1학년 동생은 엉덩이를 세게 맞고도 자신이 배려받는다고 느끼며 배시시 웃었다.

하지만 다음 판에 고학년 아이가 술래가 되자마자 분위기가 순식간에 달라졌다. 누가 먼저라고 할 것도 없이 서로 누가 더 세게 치나, 혹은 더 재미있는 포즈로 술래의 엉덩이를 치는가를 두고 다 함께 웃고 떠들면서 즐기는 분위기가 되었다.

비슷한 놀이로 '찐드기'라는 주문을 부르는 놀이도 있다. 이 놀이에서는 1등이 술래를 뛰어넘은 다음 '찐드기'라는 주문과 함께 숫자를 외치고 나서 곧바로 주위에 있는 기둥나무나 전봇대, 기둥이 없을 경우에는 선생님의 종아리을 붙잡는다. 그러면 그 뒤를 이어서 2등과 3등도 마찬가지 방법으로 주문과 숫자를 외친 다음 1등 뒤에 차례로 붙는다. 아이들이 다 붙으면 1등은 처음에 자신이 불렀던 숫자를 세기 시작한다. 예를 들어 '찐드기 십'이라고 불렀다면 열을 세야 하는데, 이때 술래는 일렬로 붙어있는 아이들 중 누군가를 떼어내야 한다. 이때 떨어져 나온 아이들은 나중에 자기들끼리 가위바위보를 하여 새로운 술래를 정해야 한다. 자연히 아이들은 그 어려운 술래를 안 하려고 술래가 아무리 떼어내려고 기를 써도 서로의 허리를 붙잡고 어떻게든 살아남으려고 끈질기게 버틴다. 그래서 이 놀이를 하면 서로 잡아당기고, 붙잡고, 넘어지고, 엎어지고 한바탕 난리가 난다.

이렇듯 '축구'와 '찐드기' 주문 놀이는 술래가 힘든 놀이고, 신체접촉이 강한 놀이다. 이런 몸놀이는 아이들에게 몸으로 부딪치면서 자신이 낼 수 있는 최대한으로 힘을 쓰게 한다. 감정을 마음껏 표출하고 스트레스를 풀게 해준다.

무엇보다 몸놀이는 관계를 맺게 하는 힘이 강하다. 서로의 몸을 맞대고 에너지를 쏟고 땀을 흘리는 행위가 친밀감을 높여주기 때문이다. 말뚝박기, 오징어 놀이, 개뼈다귀 놀이, 왕대포 놀이가 다 이런 장점을 가지고 있다.

그런데 갈수록 이런 몸놀이가 점점 사라지고 있다. 내가 10년째 활동하고 있는 〈(사)놀이하는사람들〉에서는 놀이 지도사 양성 과정을 운영하고 있는데, 창립 초기만 해도 교육 프로그램에 개뼈다귀 놀이가 있었다. 개뼈다귀 놀이는 한 판이 끝나고 나면 옷이 찢어지기 일쑤다. 그런데 놀아본 경험이 많지 않은 요즘 아이들이 감수할만한 놀이가 아니라고 판단되어 5년 만에 안경놀이로 대체되었다. 서로의 몸을 잡고 하는 격렬한 놀이가 술래가 치면 '때렸다'고 하소연하고, 친해지고 싶어서 툭툭 건드리면 '괴롭힌다'고 여기는 요즘 아이들의 정서와 맞지 않다고 판단한 것이다.

개뼈다귀 놀이 대신 도입한 안경놀이는 놀이 방법은 비슷하지만, 서로의 몸을 잡고 끌어당기지는 않는다. 그냥 상대를 살짝 치기만 하면 죽는다. 그러다 보니 이 놀이를 하다가 옷이 찢어지는 일은 없다. 옷이 찢어졌던 추억을 소환할 일도 없다.

논다는 것은 서로가 서로의 몸을 건드리고 마음을 건드리는 일이다. 그러다 보면 즐거운 일도 있지만 마음을 다치거나 몸을 다치는 일도 생긴다.

그 과정에서 서로가 더 친밀해지기도 하지만 관계가 삐그덕거리는 일도 생긴다. 아이들은 이런 경험을 많이 해봐야 어떤 유형의 사람과도 잘 어울리고, 필요하면 양보하고, 의견 충돌이 생겼을 때 협의할 수 있는 능력을 얻게 된다. 사회에 나가서도 사람과 사람 사이에 생기는 갈등을 조정할 수 있는 힘이 생긴다. 관계의 문제 때문에 생기는 괴로움도 감내할 수 있게 된다.

나는 개뼈다귀 놀이나 오징어 놀이 같은 몸놀이를 되살리고 싶다. 다쳐도 보고 뭉쳐도 보고 잊을 수 없는 추억을 쌓는 놀이, 관계를 더욱 굳건해주는 놀이를 아이들에게 돌려주고 싶다. 나는 개뼈다귀 놀이가 좋다. 나는 몸놀이가 좋다.

3장

7 8

놀이,
그 소중한
회복과 치유

1 2

언제부턴가 우울증, 불안감, 성격장애 등
마음의 병을 앓는 아이들이 많아지고 있다.
아이들이 놀이에서 멀어지다 보니 생긴 현상이다.
놀이가 아이들의 삶이자 본능이라면,
놀이를 하지 못하는 아이들에게는
문제가 생길 수밖에 없다.
다친 마음의 생채기에 딱지가 앉게 하고,
새살이 돋게 해주고, 마음을 단단해지게 하는
놀이의 힘.
이것이야말로 우리가 아이들에게
물려줄 수 있는 최고의 선물이 아닐까.

화내기 대장이 달라졌어요

놀이 수업을 하면서 특별히 기억에 남는 아이가 몇 있다. 그중에 한 명은 초등학교 2학년 남자아이로, 놀이에서 지면 울거나 무언가를 집어던져야 속이 풀리는 아이였다. 술래잡기할 때는 자신보다 체구가 작은 아이들을 휙 밀치기도 하고, 화가 나면 상대에게 모래를 뿌리기도 했다. 한마디로 화내기 대장인 아이였다. 다른 아이들은 그 아이를 슬슬 피해 다녔다.

아이들이 새 학년에 올라가면서 나는 놀이 수업에서 더 이상 그 남자아이를 볼 수 없었다. 그러다가 내 기억에서 그 아이의 존재가 희미해질 무렵 놀이 수업에서 다시 만났는데, 일 년 만에 만난 그 아이는 내가 예전에 알던 화내기 대장이 아니었다.

진치기 놀이를 하던 날의 일이다. 진치기 놀이는 중년 세대가 어린 시절에 즐겨했던 추억의 놀이 '다방구'와 같은 놀이로, 놀이 방법이 깡통술래잡기와 비슷하다. 다만 술래에게 잡힌 놀래들이 감옥에 갇히는 게 아니라, 진기둥에 손을 대고 잡힌 순서대로 손을 맞잡고 일렬로 늘어선다는 점이 다르다. 모든 놀래를 잡아 진에 가두면 놀이 한

판이 끝난다. 또한 진치기 놀이에는 살아남은 놀래가 깡통을 차는 대신, 진에 잡혀있는 아이들이 맞잡고 있는 손을 끊어주면 그 아이부터 뒤쪽에 있는 아이들은 살아나는 규칙이 있다.

따라서 진치기 놀이도 작전이 중요하다. 술래는 진에 잡혀있는 아이들이 맞잡은 손을 누가 끊어주지 못하도록 진 주변을 지켜야 하는 동시에 놀래도 잡아야 한다. 문제는 그러기 위해서는 깡통술래잡기를 할 때보다 술래의 인력이 더 많이 필요하다는 것이다. 이런 어려움을 감안한다면, 진치기 놀이가 깡통술래잡기보다 더 치밀한 작전이 필요하다고 볼 수 있다.

그날 아이들과 팀을 나누고 진치기 놀이를 시작하려고 하는데, 누군가 이렇게 외치는 소리가 들렸다.

"얘들아, 이리 모여봐. 너랑 너는 진을 지켜. 나랑 얘는 발이 빠르니까 놀래들을 치러 다닐게. 괜찮지?"

소리 나는 쪽을 돌아보니 술래 팀 아이 다섯 명이 머리를 맞대고 작전을 짜고 있었다.

"난 싫은데. 놀래를 잡으러 계속 뛰어다니면 힘들단 말이야."

어느 아이가 반대의사를 밝히자 처음에 작전을 제안했던 아이가 이렇게 대답했다.

"그럼 뛰다가 힘들면 그때 얘기해. 중간에 서로 역할을 바꾸자. 그럼 됐지?"

그 말에 나머지 아이들 모두가 동의했다.

"자, 그럼 우리 파이팅 하자. 하나, 둘, 셋, 파이팅~!"

작전을 제안한 아이가 외치는 구령에 맞춰 다섯 명 아이들의 손바닥이 하늘을 향해 힘차게 떠올랐다.

대화 내용을 들어보니 팀원들 사이에서 의견을 잘 조율하는 아이라는 생각이 들었다. 그 목소리의 주인공이 누구일까? 어느새 놀이가 시작되어 놀래의 뒤를 쫓고 있는 술래들을 찬찬히 살펴보다가 나는 순간 내 눈을 의심했다. 작전을 제안하고 주도했던 목소리의 주인공은 바로 내가 예전에 알던 그 화내기 대장이었다. 일 년 만에 놀라운 변화가 일어난 것이다.

예전에 그 아이와 함께했던 놀이 수업에서도 진치기 놀이를 여러 번 했었다. 당시에 그 아이는 발이 반에서 가장 빨랐고, 몸집도 또래보다 큰 편이었다. 하지만 나는 그 일 년 동안 화내기 대장인 아이가 다른 아이들과 함께 무언가를 협의하거나, 의견이 충돌했을 때 양보하는 걸 한 번도 본 적이 없었다. 그랬던 아이가 이제는 놀이의 주도자가 되어 작전도 짜고, 아이들을 이끌고 있었던 것이다.

내가 그 아이와 만나지 못한 일 년 사이에 대체 무슨 일이 있었던 것일까?

나중에 알고 보니 변화의 힘은 놀이에 있었다. 선생님을 통해 그간의 이야기를 들어보니, 아이의 엄마는 학교에서 다른 아이들과 자주 충돌하는 아들 때문에 고민이 많았다고 한다. 학교에서 연락이 올 때마다 가슴이 쿵 하고 내려앉을 정도였다.

어떻게 하면 화를 조절하지 못하는 아들을 도와줄 수 있을지를 두고 담임선생님과 상담한 끝에 엄마는 아들에게 축구를 시키기로 마음먹었다. 공부를 못해도 좋으니 마음껏 운동장을 뛰어다니면서 과도한 감정을 분출하고, 다른 아이들과 함께 어울려 노는 법을 배우길 바랐던 것이다. 다행히 엄마의 노력은 적중했다. 축구를 하면서 마음껏 뛰어놀았던 경험이 그 아이에게 마법 같은 변화를 일으킨 것이다.

그 얘기를 전해 들었을 때, 나는 그 아이의 엄마가 현명한 판단을 내렸다고 생각했다. 아이들은 놀이를 통해 다양한 감정을 경험하고 표현하게 되는데, 이 과정에서 자신의 감정이나 스트레스와 같은 부정적인 정서를 다스리는 법을 터득하게 되기 때문이다.

실제로 놀이 수업을 하다 보면 아이들은 놀이하는 과정에서 온갖 감정을 다 표출한다. 졌다고 화내고, 안 된다고 짜증내고, 죽었다고 삐치는 아이들이 많다. 어른들은 아이들이 놀면 즐거워해야 하는데 왜 자꾸 싸울까 하고 의아해하지만, 알고 보면 이건 아이들이 성장하는 과정에서 일어나는 자연스러운 현상이다.

아이들은 어른과 달리 감정에 서투르다. 자기가 느끼는 감정이 뭔지도 잘 모르고, 그 감정을 상황에 맞게 표현하고 적절하게 해소하는 법도 모른다. 그걸 배우려면 먼저 자신이 느끼는 다양한 감정을 표현해보고, 다른 사람이 표현하는 감정도 다양한 상황에서 경험해봐야 한다. 이런 경험들이 쌓이고 쌓여 아이들은 자신이 느끼는 감정이 뭔지 알고 조절하는 법을 배우게 된다. 나아가 즉각적인 욕구와 충동을 자제할 줄 알게 되고, 무엇보다 타인의 감정을 이해하고 배려하는 법을 배운다.

많이 놀아본 아이일수록 친구들과 잘 어울리고, 놀이를 주도할 줄 알며, 문제가 생겼을 때 협의하고 협동할 줄 알게 된다. 잘 웃

고, 감정 표현을 적절하게 할 줄도 알게 된다. 놀이는 아이들에게 사회적 능력을 키우는 연습의 장인 것이다.

엄마의 현명한 판단으로 맘껏 뛰어논 덕분에 한때 화내기 대장이었던 아이는 자기가 원하는 대로 안 되고, 놀이에서 지고, 함께 노는 아이들 사이에서 의견 충돌이 일어나도 여유있게 대처할 줄 아는 자존감 있는 아이로 성장할 수 있었다.

물론 그렇다고 해서 그 아이가 늘 좋은 모습만 보여준 건 아니었다. 예전처럼 졌다고 화내거나 자신이 원하는 대로 되지 않는다고 억지를 부릴 때도 가끔 있었다. 하지만 그러다가도 내가 알던 아이가 맞나 싶을 정도로 감정을 자제할 줄 아는 성숙한 모습을 보여주곤 했다. 그렇게 시행착오를 겪으면서 자신의 욕구와 충동을 조절하는 연습을 하는 것이리라.

나는 축구와 놀이만으로 그 아이가 변화했다고 생각하지는 않는다. 그렇다고 하더라도 많은 규칙과 절제를 요구하는 놀이를 통해 터득한 배움이 아이의 몸과 마음에 배어든 것이 아닐까 싶다.

한때 화내기 대장이었던 이 아이의 경우처럼 이기고 싶다고 규칙을 지키지 않고, 내 욕구에 미치지 않으면 반칙과 울음으로 반응하는 아이들도 놀면서 그 문제를 스스로의 힘으로 극복해나간다. 아이들은 놀이를 하면서 스스로 성장한다.

미안해,
진심으로 미안해

　　　　　　놀이를 하다 보면 아이들이 이기심을 드러내는 순간을 종종 목격하게 된다. 아이들은 어른과 달리 감정 조절이 서툴러서 놀이에서 죽지 않고 살고 싶고, 잘하고 싶은 마음을 그대로 드러내게 마련이다. 때로는 그 마음이 지나쳐서 누군가를 왕따시키기도 하고, 반대로 자신이 왕따를 당하기도 한다. 이런 관계의 문제가 놀이 속에서 자연스럽게 풀리기도 하지만, 반대로 그 갈등이 놀이 속에서 더 두드러지게 나타나는 경우도 있다.

　　　　초등학교 2학년 아이들과 포수놀이를 할 때의 일이다. 포수 아이가 왕이 지목한 동물을 잡아오지 못하여 벌칙을 받게 되었다. 왕은 반 아이들 중 한 명을 콕 집어서 그 아이를 한 대 때리고 오라는 벌칙을 내렸다. 포수 아이는 왕의 명령을 수행했다. 지목당한 아이는 맞아야 할 이유가 없었지만, 장난스럽게 웃으며 살짝 한 대를 맞았다. 나도, 아이들도 그 상황을 장난처럼 여기고 지나갔다.

　　　　문제는 그 다음이었다. 포수 아이가 왕이 지목한 동물을 또 잡아오지 못하자, 왕이 이번에도 아까 한 대 맞았던 그 아이를 또 콕 집어서 다섯 대를 때리고 오라고 벌칙을 내렸다. 그때 막았어야 했다. 나의 실수였다. 처음 벌칙이 장난치듯 지나가서, 두 번째 벌칙도 당연히 살살 때리면서 넘어갈 거라고 믿은 게 잘못이었다.

억울하게 다섯 대나 맞은 아이는 팩 토라져서 교실 밖으로 뛰쳐 나갔다. 곧바로 그 뒤를 쫓아갔지만 아이는 학교를 몇 바퀴나 돌며 숨 바꼭질을 하듯 도서관으로 운동장으로 도망쳐버렸다. 나에게도 미운 마음이 들었는지 아무리 불러도 뒤를 돌아보지 않았다. 아무래도 아 이에게 시간을 좀 줘야 할 것 같았다.

나는 교실로 돌아가서 아이들을 불러 모았다. 누군가를 때리라 고 하는 건 인권을 침해하는 행위이며, 그게 얼마나 나쁜 행동인지를 알려주어야 했다. 또한 앞으로 절대 해서는 안 되는 행동이라는 걸 아 이들에게 각인시켜야 했다. 나의 부족함으로 한 아이의 여린 마음에 상처를 입혔으니 놀이활동가로서 나 역시 반성하지 않을 수 없었다.

"선생님이 그만 실수를 하고 말았구나. 얘들아, 누구를 '때리고 오라.'고 하는 벌칙은 절대 해서는 안 돼. 그건 그 사람의 인격을 무시 하는 아주 나쁜 행동이야. 우리 앞으로는 절대 이런 일이 없도록 하 자. 선생님도 더욱 더 조심할게, 알았지?"

내 말 뜻을 이해했는지 교실 분위기가 숙연해졌다. 여기저기서 '그 아이가 오면 사과하자.' '때린 건 좀 심했다.' 등등의 말이 나왔다. 하지만 진지하게 받아들이지 않는 아이들도 있었다.

"걔도 처음엔 재밌어했잖아요. 그래서 싫어하는 줄 몰랐어요."

"맞아요. 걔가 원래 좀 특이하잖아요."

이 말에 몇몇이 킥킥거리며 웃었다. 나는 오랫동안 벼려왔던 기회가 드디어 왔다고 생각했다.

그날 억울하게 맞은 아이는 초등학교 2학년인데도, 평소에 하는 행동이 초등 1학년이나 일곱 살 같았다. 다른 아이들에 비해 이해하는 게 느리고, 학교에서의 공동 규칙도 잘 지키지 못했다. 주의집중을 잘 못해서 아이들이 신나게 놀고 있을 때 옆에서 딴짓을 하거나, 주변을 배회하다가 나중에야 놀이에 참여하는 일도 많았다.

반 아이들은 그 아이를 은근히 따돌렸다. 친하지도 않고, 이기는 데 도움이 되지도 않기 때문이다. 아이들도 몸이 불편한 아이나 눈에 띄는 장애를 가진 아이에게는 관대하다. 자기와 확실하게 다르다고 판단하고 배려한다. 하지만 겉으로 보기에는 자신과 별반 다르지 않은데, 행동이 과도하거나 같이 놀기에 불편하다고 느끼는 아이와는 거리를 둔다. 집단적으로 그 아이를 왕따시키기도 한다.

그 아이가 바로 그런 경우였다. 반 아이들은 그 아이를 싫어하지는 않았지만, 아주 만만하게 대했다. 놀이할 때도 만만한 상대로 여겼고, 놀이에 끼워주지 않으면서 미안해하지도 않았다. 그러다가 '그 아이를 때려라.' 하는 벌칙을 내리는 상황까지 오게 된 것이다.

나는 이 사건이 반 아이들에게 그 아이가 지닌 특성에 대해 생각해보고 이해하는 계기가 되기를 바랐다.

"얘들아, 우리 주위에는 몸이 아픈 친구도 있지만, 겉으로는 아무렇지 않아 보여도 마음이 아픈 친구도 있단다. 너희는 그 친구가 하는 말이나 행동을 이상하다고 생각하지만, 사실 그 친구는 일부러 그러는 게 아니야. 그렇게 할 수밖에 없는 행동 특성을 가지고 있을 뿐이야. 그러니까 너희가 친구를 이해해줘야 해."

진지한 태도를 보이지 않던 아이들도 조금씩 내 말에 귀를 기울이기 시작했다.

"입장을 바꿔서 생각해보렴. 만약 너희가 태어날 때부터 피부가 까무잡잡했다고 치자. 그런데 친구들이 '넌 얼굴이 까무잡잡해서 이상해. 그래서 너랑은 안 놀 거야.' 하면서 따돌리면 기분이 어떨까?"

"가슴이 찢어져요."

"화가 나서 울 것 같아요."

"그래, 맞아. 지금 그 친구도 그런 마음일 거야."

나는 반 아이들이 그 아이를 이해하고 배려해줄 수 있도록 최선을 다해 설명했다. 이 일을 계기로 그 아이가 더 이상 반 아이들에게 왕따를 당하거나 혼자 겉도는 일이 없기를 간절히 바랐다.

이야기가 끝날 무렵 아이가 돌아왔다. 교실에 들어오자마자 아이는 우리에게 눈길 한 번 주지 않고 교실 뒤쪽으로 가더니 가장 큰 사물함의 문을 열었다. 1,2학년 아이들이 쭈그리고 앉아있어도 될 만큼 크기가 커서 종종 아이들이 들어가서 노는 사물함이었다. 아이는 곧장 그 안으로 기어 들어가더니 문을 닫아버렸다. 아무하고도 말하고 싶지 않다는 의사 표시였다.

나는 사물함 앞으로 다가가서 아이에게 사과했다. "미안해. 선생님이 말렸어야 했는데 그러질 못했어. 정말 미안해." 아이들도 우르르 몰려와 "진심으로 미안해."라고 말했다. 하지만 사물함의 문은 열리지 않았다. 아이가 받은 마음의 상처가 그만큼 컸던 것이다. 그날은 결국 매듭을 풀지 못한 채로 아이와 헤어졌다.

한 주가 지나고 다음 놀이 수업이 돌아왔을 때, 나는 아이들에게 깡통술래잡기 놀이를 하자고 제안했다. 아이들에게 가장 인기 좋은 놀이이자, 그 아이가 가장 열심히 하는 놀이가 깡통술래잡기였다.

그날 아이는 바람처럼 태풍처럼 뛰어다녔다. 지난 시간의 일로 받은 상처와 스트레스를 다 날려버리려는 것 같았다. 반 아이들도 그런 아이를 따돌리지 않고 기꺼이 놀이에 끼워주었다. 아이가 감옥에 갇히면 깡통을 차서 살려주기도 하고, 술래가 멀리서 달려오는 걸 보면 조심하라고 소리쳐주기도 했다. 그 아이도 깡통을 차서 감옥에 갇힌 아이들을 살려주는 것으로 반 아이들에게 보답을 했다.

그날 아이는 반 아이들과 단 한 번의 갈등이나 대립 없이 50분을 마음껏 뛰고 달렸다. 놀이가 끝나고 교실로 돌아오는데, 그 아이가 나에게 다가와 속삭이듯 말했다.

"얼씨구, 저 오늘 미칠 것처럼 재미있었어요."

순간 울컥 했다. 그날 끝내 사물함 문을 열어주지 않았던 아이가 마음의 문을 조금이나마 연 것 같아 고마웠고, 친구들과 함께 뛰어논 것이 그날 받은 마음의 상처에 조금이나마 위로가 된 것 같아 기뻤다. 무엇보다도 나의 부족함으로 아이의 여린 마음에 상처를 준 것에 대한 미안함을 이렇게나마 전할 수 있어서 다행이었다.

아이는 왜 '미칠 것처럼 재밌었다.'고 말했을까? 신나게 달려서일까? 그것만은 아닐 것이다. 그날 처음 진심으로 아이들과 상호작용을 하고 마음으로 만났기 때문이라고 나는 생각한다.

놀이는 행위가 아니라 마음이다. 놀다 보면 서로의 얼굴을 마주 보고 표정을 읽는다. 그 과정에서 아이들은 서로를 비춰주고 서

로에게 반응한다. 그 행위가 아이들 사이에 유대감을 형성하게 해
주고, 관계에서 받은 상처를 치유해준다.

　　그날 반 아이들은 평소와 달리 그 아이를 배려해주면서 협동하
고 화합하는 모습을 보여주었다. 물론 잘못된 벌칙을 준 것에 대한 미
안함에서 나온 일시적인 행동일 수도 있다. 하지만 이 경험이 아이들
에게 자신과는 조금 다른 아이와 관계를 맺고 소통하는 법을 배우는
출발점이 되리라고 나는 믿었다.

놀이에는 마음을 묶어주고 치유하는 힘이 있다. 놀이로 마음을 이렇게 놀이 속에서 마음을 나누고 화합하고 소통하면서 나는 아이들의 성장을 경험하고, 나 또한 성장한다.

'감'을 두 개 줄 거야

몇 해 전 여름, 남편과 함께 1박 2일 일정으로 이천과 여주로 놀이 수업을 하러 간 적이 있다. 한창 휴가철이던 때라 시간이 나는 사람도 아무도 없어서, 나는 여행 삼아 남편과 동행하여 길을 떠났다.

이튿날 이천에 있는 어느 초등학교에서 놀이 수업을 할 때였다. 준비 놀이로 달팽이 놀이를 하는데, 한 아이가 규칙을 지키지 않고 자기 마음대로 여기저기 뛰어다녔다. 놀이를 하다 보면 이런 아이가 늘 있게 마련이지만, 이 아이는 유독 심했다.

좀 의아한 건 다른 아이들이 보이는 반응이었다. 이런 아이가 있으면 보통은 한두 명쯤이 나서서 그 아이에게 쓴소리를 하게 마련인데, 이 반 아이들은 그렇지 않았다. 그 아이의 행동에 그다지 신경 쓰지 않는 눈치였고, 심지어 나에게 "놔두세요, 쟤는 원래 저래요."라고 말하는 아이도 있었다. 놀이에게 이기려고 늘 저런다며 자기들은 그냥 무시한다고 했다.

좌충우돌하는 아이의 행동은 계속됐다. 비석치기 팀을 짤 때도 아이는 자기가 원하는 대로 팀을 짜려고 들었다. 잘하는 아이들은 자신의 팀으로 끌어가려고 했고, 자기 팀이 되기를 바라던 아이가 상대 팀으로 가면 금세 표정이 울그락불그락해졌다. 그 행동을 제재하며 팀을 짜다 보니 시간을 너무 많이 허비해서, 정작 비석치기를 할 시간이 얼마 남지 않게 되었다.

　　이런 경우 제한된 시간 안에 놀이를 끝내고 아이들에게 성취감도 느끼도록 해주려면, 강사가 놀이에 합류하여 놀이의 흐름을 살짝 조절해주는 것이 좋다. 주 강사인 나와 보조 강사는 아이들의 동의를 얻어 양쪽 팀에 각각 합류하기로 했다. 어떤 선생님과 한 팀을 할지는 아이들끼리 가위바위보를 해서 정하기로 했다. 성인 남자인 보조 강사와 한 팀이 되면 승부에 유리하다고 판단한 아이들은 서로 보조 강사를 자기 팀으로 데려가고 싶어 했다. 결국 그 남자아이가 속한 팀이 가위바위보에서 지는 바람에 보조 강사는 상대 팀이 되었고, 나는 저절로 그 아이와 한 팀이 되었다.

　　예상대로 놀이 초반부터 보조 강사가 합류한 팀이 앞서 나가기 시작했다. 그 팀이 비석치기 5단계, 6단계에 도전할 동안 나와 그 아이가 속한 팀은 겨우 2단계에 머무는 상황이 됐다. 아이는 점점 화가 난 표정이 되었고, 그러다 갑자기 나를 향해 소리를 질렀다.

　　"이런 법이 어딨어요? 공평하지 않잖아요!"

"우리가 팀에 합류하는 걸 너희도 동의했고, 우리 둘 중 누구와 한 팀을 할지도 너희가 가위바위보를 해서 정한 거야. 그 과정에서 불공평한 점은 없었던 것 같은데."

"그래도 이건 말도 안 돼요."

남자아이는 팩 토라져서 놀이판 밖으로 나가버렸다. 그리고 멀리 떨어진 교실 한 구석으로 가서 쭈그리고 앉았다.

나는 아이를 달래지 않고 일부러 모른 척했다. 그간의 경험으로 이럴 때는 가만히 놔두어야 아이 스스로 자기 감정을 정리하고 놀이판 안으로 다시 들어온다는 걸 알기 때문이다.

얼마 후 교실 구석 쪽을 쳐다보니, 아이는 아까보다 화가 한풀 꺾인 표정이었다. 하지만 제 발로 놀이판에 들어오기는 자존심이 상하는지 자리에서 꿈쩍 하지 않고 앉아있었다. 어떻게 해야 할까 생각하고 있는데, 그때 멀리서 보조 강사가 아이에게 다가가는 모습이 보였다. 아이를 달래주려고 일부러 팀에서 슬쩍 빠져준 모양이었다.

아이 옆에 나란히 앉은 보조 강사는 주머니에서 끈 하나를 꺼내더니, 그 끈으로 아이와 자신의 발을 묶고는 이렇게 말했다.

"너는 지금 상대 팀의 에이스 선수를 포로로 묶어두고 있는 거야. 네 덕분에 이제부터 너희 팀이 이길 거야."

얼마 후 보조 강사의 말대로 정말 전세가 역전되기 시작했다. 그 아이 팀이 조금씩 앞서 나갔다. 마치 아이가 상대 팀의 에이스 선수를 포로로 잡아둔 덕분에 역전의 기회가 온 것 같은 상황이 연출됐다. 보조 강사가 원했던 게 바로 이것이었다.

마음이 풀린 아이는 신이 나서 다시 놀이에 합류했다. 보조 강사도 다시 팀에 합류했다. 아이는 아무런 불평도 하지 않았다. 그날 비석치기는 보조 강사의 활약으로 상대 팀의 승리로 끝났다.

놀이 수업이 끝난 후 그 아이가 내게 다가와 두 팔을 뻗어 포옹을 청했다. 그리고는 마치 사랑 고백이라도 하듯 수줍게 '오늘 놀이가 정말 재미있었다.'고 말했다. 아이는 이기고 싶은 마음에 삐닥하게 굴었던 자신의 행동을 후회하고 미안해하고 있었다. 그 마음이 느껴져서 나는 아이를 꼬옥 안아주었다.

이제와 고백하자면, 그 보조 강사는 나를 따라 놀이 수업에 들어온 온 내 남편이었다. 남편은 원래 아이들을 무척 좋아해서 평소에도 아이들과 곧잘 놀아주던 사람이었다. 그 기질을 발휘하여 놀이전문가가 아닌데도 보조 강사의 역할을 훌륭하게 해낸 것이다. 그 후로 남편은 내가 활동하고 있는 〈(사)놀이하는사람들〉에 매달 만원의 후원금을 내주는 후원회원이 되었다. 그날의 경험으로 놀이가 아이들에게 얼마나 중요한지 느꼈다고 했다. 그 아이가 우리 후원회원 한 명을 늘려준 셈이다.

놀이에서 지고 싶어 하는 사람은 아무도 없다. 어른인 나도 남편과 고스톱을 칠 때 계속 지기만 하면 재미가 없어지고 의욕이 사라진다. 스포츠 경기를 관람할 때도 내가 응원하는 팀이 상대 팀과 점수 차가 너무 많이 나면 재미가 없지만, 점수가 비슷비슷하면 경기를 보는 재미가 배가 되지 않는가.

놀이를 할 때 아이들도 그렇다. 비석치기에서 한 팀이 실력이 월등하여 승승장구할 때. 계속 구경만 하고 있는 다른 한 팀 아이들이 의욕을 잃고 어두운 표정을 하고 있는 모습을 관찰하는 것은 참으로 흥미롭다. 그런데 요즘은 그런 상황을 견디지 못하고 아예 피하려고 드는 아이들이 많다.

경쟁을 부추기는 사회, 1등만 기억하는 사회에서 자라면서 놀이라는 비일상에서조차 지면 재미없고, 이겨야만 재미있다는 아이들이 많아진다. 아마도 일상에서는 이길 기회가 많지 않다 보니 놀이라는 비일상에서나마 자존감을 만회하고 싶기 때문일 거다.

그런 아이들을 위해 내가 자주 쓰는 수법이 있다. 가끔 아이들이 "얼씨구, 놀이에서 이기면 뭐 줘요?" "1등 하면 뭐 해줄 건데요?"라고 물어보는 경우가 있는데, 그럴 때 나는 이렇게 대답한다. "응, 감을 두 개 줄 거야." 아이들이 묻는다. "무슨 감이요? 먹는 감이요?" 그러면 나는 내 심장에서 뭔가를 꺼내어 아이들 심장 쪽으로 가져가는 손짓을 하며 이렇게 말한다. "무슨 감이냐면, 자신감 그리고 성취감."

아이들은 "에이, 그게 뭐예요." 하기도 하고, 배시시 웃기도 한다. 겉으로는 그렇게 행동해도 물질이 아닌, 정신적인 선물을 받고 좋아하는 아이들의 마음을 느낄 수 있다.

아동심리학자 사랄라 차찬Saralea E. Chazan은 자신의 책《놀이 프로파일》에서 '놀이하는 동안 아동은 자신을 변화로 이끄는 적응적인 가능성을 탐색하며, 이를 통해 자신감과 유능감을 증가시킨다.'라고 했다. 그렇다. 아이들은 놀이를 통해 끊임없이 자신의 존재를 인식하고, 타인과의 관계 속에서 자신감과 유능감을 향상시키며 성장해나간다.

나는 그 아이가 스스로를 믿고 자존감이 높은 아이로 성장하기를 바란다. 실컷 뛰어놀고 마음껏 실패도 해보면서 어떤 상황에서도 흔들리지 않는 자존감을 키워나갔으면 좋겠다. 놀이는 힘이 세다. 그러니 충분히 기대해 볼만한 일이 아닐까.

영웅이 된 왕따

내가 활동하고 있는 〈(사)놀이하는사람들〉에서는 아이들과 놀이를 할 때 전래놀이를 즐겨한다. 전래놀이란 투호, 칠교, 쌍륙 등 옛날 양반들이 즐겨하던 전통놀이와 제기차기, 씨름과 같이 양반들은 하지 않고 일반 백성들이 즐겨하던 민속놀이, 그리고 여기에 잘 알려지지 않은 개뼈다귀, 달팽이, 깡통술래잡기, 태극기, 삼팔선

등등의 놀이까지 모두 포함하는 놀이를 말한다.

전래놀이에는 여러 가지 장점이 있지만 그중에서도 특히 내 마음을 끄는 장점은 난관 극복의 구조와 영웅담이 만들어지는 구조가 있다는 것이다. 난관 극복의 구조란 쉽게 말해서 연습을 많이 한 후에야 그 놀이의 재미를 느낄 수 있다는 것을 말한다.

비석치기 같은 놀이가 그 예가 될 수 있다. 거리 조정을 어떻게 하느냐, 몸의 균형을 얼마나 잘 잡느냐가 관건이기 때문에 비석치기를 잘하려면 오랜 시간 숙련된 기술이 필요하다. 또한 비석치기에는 영웅이 탄생할 수 있는 구조가 있다. 한 팀 아이들 대부분이 비석 쓰러뜨리기에 실패하고 오직 한 아이만이 살아남았을 때, 그 아이가 실패한 아이들이 쓰러뜨리지 못한 비석을 모두 쓰러뜨리면 다른 아이들 사이에 그 아이를 영웅처럼 받드는 분위기가 연출된다.

나는 지난 20여 년간 아이들과 놀이를 하면서 전래놀이가 가진 이런 장점이 마음이 아픈 아이, 관계에서 상처받은 아이들을 치유하는 장면을 수없이 목격했다. 특별히 기억에 남는 일화가 몇 가지 있는데, 그중 두 가지를 여기서 소개한다.

그 아이의 목소리는 정말 예뻤다

어느 초등학교에서 도움반 아이들과 방과후 놀이 수업을 할 때의 일이다. 놀이 수업 첫날, 다른 아이들은 신나게 뛰어놀고 있는데 어느 여자아이가 혼자 교실 구석에 덩그러니 앉아있었다. 아이는 아무 활동도 하지 않고 그저 다른 아이들이 노는 걸 바라보기만 했다. 이유가 궁금하여 담임선생님에게 자초지종을 물어보니, 그 아이는 '선택적 함묵증'이 있다고 했다.

선택적 함묵증이란 말을 할 수 있음에도 불구하고 특정한 장소나 상황에서 아예 말을 하지 않거나, 극히 제한된 단어만 사용하는 증상이라고 한다. 나는 전문가가 아니라서 자세한 건 알 수 없었지만, 그 여자아이에게 뭔가 마음의 상처가 있다는 것만은 어렴풋이 짐작할 수 있었다.

두 번째 놀이 수업 시간, 그날도 놀이판에서 멀찌기 떨어져 미소만 짓고 있는 아이에게 다가가 함께 놀자고 권유했다. 아이는 아무 말 없이 고개를 저었다. 내가 여러 차례 권유해보았지만, 아이는 말없이 내게서 고개를 돌리고 친구들이 노는 모습만 바라보았다.

그러던 어느 날 나는 어느 남자아이를 통해서 그 여자아이에 대해 좀 더 알 수 있는 기회를 얻었다. 그 남자아이는 놀이 수업을 하다가 쉬는 시간이 되면, 복도로 나가 마술 시범을 보여주며 자신의 실력을 자랑하곤 했는데, 하루는 그 아이가 하는 마술을 구경하다가 말을 하지 않는 여자아이와 우연히 눈이 마주쳤다. 나는 친해지고 싶은 마음에 그 아이에게 다가갔다. 하지만 여자아이는 낯을 많이 가리는 성격인지 어쩔 줄 몰라 하며 그 자리를 피했다. 그때 마술 시범을 보여주던 남자아이가 내게 다가와서 이렇게 말해주었다.

"쟤는 집에선 말을 잘 한다는데, 여기서는 말을 하지 않아요."

"아, 그래? 왜 여기서는 말을 안 할까?"

"마음이 열리지 않나 봐요."

"그렇구나. 친구가 마음을 열도록 네가 좀 도와줘봐."

"저도 노력은 해 보는데, 그래도 잘 안 열어요."

남자아이의 말이 맞다. 말할 줄 알면서 말을 안 한다는 건 마음을 닫았다는 의미이리라. 이유는 모르지만 한창 재잘거릴 나이에 오죽하면 그랬을까 싶어 마음이 아팠다.

나는 여자아이가 다른 아이들과 몸으로 부딪치고 마음으로 부딪치다 보면 언젠가 마음을 열지도 모른다고 생각했다. 그래서 포기하지 않고 아이에게 함께 놀자고 계속 권유했다. 다행히 아이는 조금씩 용기를 냈다. 내 노력이 헛되지 않았다.

그렇게 6개월쯤 지난 어느 날의 일이다. 그날은 놀이 수업 시간에 어미새끼 놀이를 하기로 했다. 조금씩 놀이에 들어오기 시작한 여자아이도 같이 놀이 수업을 듣는 자신의 동생과 한 팀을 이루어 어미새끼 놀이에 참여했다.

어미새끼 놀이를 할 때는 두 명씩 짝을 지은 다음, 한 명은 어미 역할을 맡고, 다른 한 명은 새끼 역할을 맡는다. 먼저 새끼 역할을 맡은 아이들끼리 가위바위보 대결을 펼치는데, 이때 어미 역할을 맡은 아이는 출발선에서 대기한다. 그러고 나서 가위바위보 대결에서 자기 팀 아이가 이길 때마다 정해진 목표점을 향해 이동한다. 놀이를 시작하기 전에 미리 가위로 이기면 몇 걸음을 이동할지, 바위로 이기면 몇 걸음을 이동할지를 정하여 이긴 만큼 이동하는데, 목표 지점을 돌아서 먼저 출발선으로 돌아오는 팀이 이기는 놀이다.

그런데 이 놀이에는 한 가지 난관이 있다. 놀이 초반에는 어미

역할을 맡은 아이가 출발선 가까이에 있어서 가위바위보 대결의 결과를 직접 눈으로 확인할 수 있지만, 놀이가 중반을 넘어서면 출발점에서 멀어지기 때문에 새끼 역할을 맡은 아이가 자기 팀 아이에게 몇 걸음을 이동해야 하는지 큰 소리로 외쳐줘야 한다는 것이다.

그날 새끼 역할을 맡은 여자아이도 어느 순간 어미 역할을 맡은 동생에게 몇 걸음을 이동해야 하는지 큰 소리로 알려줘야 하는 입장이 됐다. 나는 여자아이가 이 난관을 어떻게 넘길지 걱정이 됐지만, 일단 모르는 척하고 놀이를 계속 진행했다. 처음에 여자아이는 손가락을 펼쳐서 동생에게 이동해야 할 걸음 수를 알려주었다. 하지만 곧 동생이 그마저도 알아보기 어려울 만큼 먼 거리까지 이동했다. 지고 있던 상대 팀 아이들이 이 점을 역으로 이용했다. 팔과 다리를 공중에 휘저으며 동생이 누나를 보지 못하게 훼방을 놓았다.

그때였다. 처음에는 이러지도 저러지도 못하고 안타까워 발만 동동 구르던 여자아이가 어느 순간 입술을 달싹이기 시작했다. 그러더니 아이의 입에서 "다섯 걸음."이라는 말이 흘러나왔다. 아주 큰 소리는 아니었지만, 분명히 "다섯 걸음."이라고 말했다. 마술 시범을 보이던 남자아이는 너무 놀라 입을 쩍 벌린 채 얼음이 되었다. 나도, 다른 아이들도 말을 잇지 못했다. 모두가 처음으로 그 여자아이의 목소리를 듣는 순간이었다. 아이의 목소리는 정말 예뻤다. 함께 놀이를 시작한지 6개월 만의 일이었다.

혼자 놀던 아이가 영웅이 됐어요.

놀이의 힘을 확인시켜준 또 한 명의 아이가 있다. 그 아이는 놀이 수업 시간마다 다른 아이들과 떨어져 늘 혼자 놀았다. 다른 아이들도 그게 자연스러운 듯 그 아이에게 별로 신경을 쓰지 않았다.

그 상황이 좀 의아해서 선생님께 이유를 물어보니, 그 남자아이는 진단을 통해 과잉행동주의력결핍장애ADHD 판정을 받았다고 했다. 사소한 일에도 곧잘 흥분하여 친구들과 싸우는 일이 잦고, 주의집중이 되지 않아 규칙을 안 지키거나 친구들이 하는 일을 훼방 놓는 일이 많다고 했다. 기질적 특성 때문에 아이들 사이에 끼지 못하고 학교생활에 적응하는 데 어려움을 겪고 있다는 것이다. 이 말을 전하면서 선생님은 내게 이런 당부의 말을 했다.

"평소에는 얌전하다가 갑자기 돌발행동을 하는 아이에요. 잘 지켜보시다가 혹 문제가 생기면 저를 불러주세요. 잘 부탁드려요."

이후 몇 차례의 놀이 수업이 이어졌지만, 다행히 선생님이 걱정하던 일은 일어나지 않았다. 그래도 마음이 불편했다. 반 아이들이 따돌려 그 아이가 혼자 노는 상황을 그저 지켜만 보고 있을 수는 없었다. 어떻게 하면 아이들이 서로 이해하고 배려하는 관계가 될 수 있을까 고민하는 사이 또 시간이 흘렀다.

그러던 어느 날 전혀 예상치 못한 일이 일어났다. 놀이 수업에서 비석치기를 하던 날의 일이다. 그동안 적당한 기회를 찾고 있던 나

는 그날 남자아이를 일부러 비석치기에 참여시켰다

남자아이가 속한 팀은 비석치기 1단계에서 고전을 면치 못했다. 다섯 명이 차례로 비석 쓰러뜨리기에 도전했다가 실패했고, 마지막에 단 한 명, 늘 혼자 놀던 남자아이만 살아남았다. 팀의 운명이 왕따를 당하던 그 아이에게 달린 것이다. 만약 아이가 자신의 비석을 쓰러뜨리고 실패한 나머지 다섯 명 아이들의 비석까지 모두 쓰러뜨리는 데 성공한다면, 놀이가 다음 단계로 넘어갈 수 있다. 하지만 반대로 아이가 단 한 번이라도 실패한다면, 그 팀은 패배하고 공격권을 상대 팀에 넘겨주어야 하는 상황이었다.

솔직히 나도, 다른 아이들도 그 아이의 기질과 행동 특성을 잘 알기에 큰 기대는 하지 않았다. 그런데 믿기지 않는 일이 벌어졌다. 그 아이가 침착하게 비석을 하나하나 쓰러뜨리기 시작했다. 평소와 달리 놀라운 집중력을 발휘하면서 말이다. 아이들은 깜짝 놀라 숨죽인 채 아이의 도전을 지켜보았다. 늘 왕따를 당하던 아이가 모든 아이들의 기대 어린 눈길을 한 몸에 받는 순간이었다.

드디어 그 아이가 마지막 여섯 번째 비석을 던졌다. 지켜보던 아이들은 침을 꼴깍 삼켰다. 그 순간 "딱" 소리와 함께 마지막 비석이 쓰러졌다. 아이들은 일제히 환호성을 질렀다. 어떤 아이는 그 남자아이에게 엄지척을 해 보였고, 어떤 아이는 그 아이의 어깨를 주물러주었다. 그 순간 그 아이는 왕따가 아니라 팀의 영웅이었다. 이후로 아이들 간의 관계가 예전보다 한결 가까워졌음은 말할 것도 없다.

놀이가 즐거우면 아이들은 자연스럽게 삶이 즐거운 것이라고 느낀다. 그런데 언젠가부터 우울증, 불안감, 성격장애 등 마음의 병을 앓는 아이들이 많아지고 있다. 어린 나이부터 조기교육을 받으면서 아이들이 놀이에서 멀어지다 보니 생긴 현상이다.

놀이가 아이들의 삶이자 본능이라면, 놀이를 하지 못하는 아이들에게는 문제가 생길 수밖에 없다.

다친 마음의 생채기에 딱지가 앉게 하고, 새살이 돋게 해주고 단단해지게 하는 놀이의 힘. 이것이야말로 우리가 아이들에게 물려줄 수 있는 최고의 선물이 아닐까.

엄마가 있는 사람을
사랑합니다?

초등학교 6학년 아이들과 '당신의 이웃을 사랑하십니까?' 놀이를 할 때의 일이다. 이 놀이는 아이들이 둥그렇게 원을 그리고 앉은 다음, 술래가 한 명을 지목해서 "당신의 이웃을 사랑하십니까?"라고 물으면서 시작된다. 지목당한 아이가 "예."라고 대답하면, 그 아이 양옆에 앉은 아이 둘이서 서로 자리를 바꿔 앉아야 하는데,

이때 빈자리를 술래가 뺏으면 못 앉은 아이가 술래가 된다. 만약 지목 당한 아이가 "아니오."라고 대답하면, 술래는 "그럼 어떤 이웃을 사랑하십니까?"라고 질문한다. "안경 낀 사람을 사랑합니다."라는 대답이 나오면 안경을 낀 아이들끼리, "운동화 신은 사람을 사랑합니다."라는 대답이 나오면 운동화를 신은 아이들끼리 서로 자리를 바꿔 앉아야 한다. 이때도 마찬가지로 술래에게 자리를 뺏긴 아이가 있으면, 그 아이가 다음 술래가 된다.

이 놀이의 재미는 여러 사람이 동시에 움직인다는 데 있다. 많을 때는 10명 이상이 동시에 일어나서 자리를 바꾸는데, 술래에게 자리를 안 뺏기려고 허둥지둥 움직여서 역동적인 장면이 연출된다.

"그럼 어떤 이웃을 사랑하십니까?"라는 질문에 얼마든지 창의적인 대답이 나올 수 있다는 점도 이 놀이의 또 다른 재미다. 때로 "착한 사람을 사랑합니다." "멋진 사람을 사랑합니다." 같은 추상적인 대답이 나오기도 하는데, 이때 움직이는 아이들을 보면 그 아이가 스스로를 어떤 사람이라고 생각하는지 알 수 있다.

그런데 이날 나를 당황하게 하는 상황이 벌어졌다. 어느 여자아이가 "엄마가 있는 사람을 사랑합니다."라고 대답한 것이다. 그 순간 대부분의 아이가 자리에서 일어나 이동하는 바람에 한바탕 난리가 났다. 나 또한 팔순이 넘으신 엄마가 살아계셔서 자리를 바꾸느라고 정신이 없었다. 그런데 자리를 찾아 앉고 보니 이상하게 기분이 찜찜

했다. '혹시 이 아이들 중에 엄마 없는 아이가 있으면 어쩌지?' 하는 생각이 뒤늦게 머릿속을 스친 것이다.

이 놀이를 수없이 해왔지만 "엄마가 있는 아이를 사랑합니다." 라고 대답한 아이는 그 여자아이가 처음이었다. 엄마는 세상에서 나와 가장 가깝고 정서적으로 편안함을 주는 존재이다. 어린 아이일수록 엄마가 있고 없고에 따라 느끼는 정신적 안정감이 다르다. 만약 그 자리에 엄마 없는 아이가 있었다면, 그 여자아이의 대답을 듣는 순간 기분이 어땠을까? 친구들에게 알리시 않으려고 엄마가 있는 척하며 자리를 바꿨을까? 아니면 그냥 자기 자리에 앉아있었을까?

놀이 수업을 하다가 가끔 이런 경험을 하곤 한다. 아이는 아무 생각 없이 하는 말과 행동이지만, 그게 다른 사람에 대한 배려나 공감이 부족한 경우가 있다.

한 번은 이런 일도 있었다. 놀이 도중에 누군가가 "예쁜 사람을 사랑합니다."라고 대답하자 어느 여자아이가 자리에서 일어나서 이동하려고 했다. 그러자 다른 남자아이가 이렇게 외쳤다. "야, 너 왜 움직여? 넌 안 예쁘잖아, 이 뚱뚱아!"

나는 이 놀이를 할 때 다른 사람이 어떤 대답에 움직이든 거기에 딴지를 걸면 안 된다고 규칙을 정한다. 스스로를 착하다고 여기든, 예쁘다고 여기든 그건 그 아이의 마음이며, 누구도 '아니다'라고 말할 권리가 없다고 얘기해준다. 왜냐하면 내 삶의 주인은 나이기 때문이다. 내가 나를 착하다고 생각하는데 누가 돌을 던질 수 있는가? 그래서 그 말을 한 남자아이에게 주의를 주었지만, 이미 늦은 뒤였다. 남자아이의 말에 상처받은 여자아이의 눈에서 굵은 눈물이 뚝뚝 떨어지고 있었다.

놀이가 갖는 장점 중에 하나는 남을 배려하고 기다려주는 법을 아이들 스스로 배울 수 있게 해준다는 것이다.

예를 들어 아이들은 팀 놀이를 할 때 어느 한 팀이 너무 잘하거나, 반대로 너무 못하면 스스로 팀을 바꾸자고 제안한다. 어느 한쪽이 계속 지기만 하면 놀이가 재미없어진다는 걸 알기 때문이다. 때로는 내가 그 팀에서 가장 잘하는 아이와 상대 팀에서 가장 못하는 아이를 맞바꾸자고 제안해도 따른다. 나이 어린 동생이 있거나 장애가 있는 아이가 있으면, 그 아이들이 놀기 쉽도록 규칙을 바꿔주기도 한다. 놀이를 재미있게 하기 위해 남을 배려하는 법을 스스로 배우는 것이다.

하지만 놀이가 부족한 아이들, 그 놀이마저도 컴퓨터나 스마트폰을 가지고 게임을 하며 노는 아이들은 다른 사람과 함께하는 지혜를 배울 기회가 별로 없다. 디지털 놀이에서는 상대와 정서적인 교류를 할 필요가 없다. 의사소통을 할 일도 없고, 타협하고 포기하고 참고 양보하는 법을 배울 기회도 없다. 어떻게 하면 상대가 좋아하고 싫어하는지를 느끼면서 자신의 감정과 태도를 조절하는 연습을 할 수도 없다. 디지털 놀이는 내가 기분이 나쁘면 안 하면 그만이고, 전원을 꺼버리면 끝이다. 그러니 일상에 나아가서는 어떨까? 다른 사람을 이해하고 배려하는 힘이 약해질 수밖에 없다.

아이들은 집단을 이루고 함께 어울리기를 좋아한다. 그게 아이들의 본능이고 속성이다. 나는 집단성과 어울림이라는 본능을 잃어가는 아이들이 너무 안타깝다. 그래서 팀 놀이를 할 때는 의도적으로 무조건 아이들에게 팀 이름을 스스로 정하게 한다. 조장도 아이들끼리 정하고, 조 구호도 정하게 한다.

그러면 한바탕 소란이 벌어진다.한 팀 안에는 적극적이고 결단력이 강한 아이, 상대의 마음을 잘 읽는 아이, 양보를 잘하는 아이, 배려심 많은 아이, 고집이 세고 자기 주장만 앞세우는 아이 등 다양한 성향의 아이들이 어우러져 있다. 자연히 팀 이름을 결정하는 과정에서 한 편의 드라마가 펼쳐진다. 자기 주장을 굽히지 않는 아이, 어떤 이름으로 정해도 상관없다는 아이, 가위바위보로 정하자는 아이, 다수결로 정하자는 아이들이 서로 옥신각신한다. 그러다가 내가 팀 이름을 가장 빨리 정하는 팀에게 놀이를 먼저 할 수 있는 권한을 주겠다고 하면, 이때부터 결정이 빨라진다. 빨리 놀고 싶은 마음에 저절로 양보가 이루어진다.

놀이는 아이들에게 집단성과 어울림을 경험하게 해주고, 공동체를 연습할 수 있는 장을 마련해준다.

그러나 정작 공교육을 책임지고 있는 학교에서는 아이들에게 이러한 집단성과 어울림을 연습할 기회를 주지 않는다. 체육시간마저도 학업이 우선이라는 이유로 뒤로 밀려나고, 교실이 '지식배움터'로 변해가면서 놀이의 가치가 점점 사라지고 있다.

그럴수록 나는 아이들에게 놀이라는 본능을 되살려주고 싶다. 놀이 속에 감춰진 위대한 보물을 찾아주고 싶다.

검피 아저씨의 뱃놀이

나는 한때 표현예술치료와 연극치료에 관심이 많았다. 당시에 나는 장애가 있는 아이들과 함께 놀이 수업을 하고 있었는데, 어쩌다 보니 그 일에 흠뻑 빠져들었고 놀이를 하면서 행복해하는 장애아들을 보면서 내가 하는 일에 큰 보람을 느꼈다. 그게 계기가 되어 장애아 놀이 수업에서 놀이치료 쪽으로 좀 더 깊이 들어가고 싶어졌다. 내 딴에는 〈사다리연극놀이연구소〉에서 일하면서 틈틈이 관련 분야의 공부를 따로 하고, 연극치료대학원에 진학할 준비를 할 만큼 진지했다. 결국 그 길을 가지는 않았지만, 나는 지금도 장애아와 관련한 놀이 수업에는 늘 관심이 많다.

내가 7년째 놀이 수업을 하고 있는 특수학교가 있다. 이 학교에서는 놀이 수업을 '표현예술치료'라고 부른다. 장애아를 둔 학부모들이 놀이보다는 '치료' 개념을 선호하기 때문이다. 수업 시간에 연극놀이와 전래놀이를 활용한 다양한 프로그램을 진행하는데, 그동안 장애아들과 함께해왔던 수많은 놀이 프로그램 중에서 가장 인상 깊었던 놀이는 단연 '검피 아저씨의 뱃놀이'라고 할 수 있다.

'검피 아저씨의 뱃놀이'는 지금도 나와 함께 호흡을 척척 맞추어 특수학교에서 놀이 수업을 하고 있는 '날개'닉네임 선생님이 만든 놀이 프로그램이다. '검피 아저씨의 뱃놀이'라는 놀이의 이름은 원래 영국의 3대 그림책 작가 중 한 명인 존 버닝햄John Burningham이 그리고 쓴 그림책의 제목이다.

우선 《검피 아저씨의 뱃놀이》라는 책의 줄거리부터 소개하자면, 옆집에 사는 검피 아저씨가 배를 끌고 강으로 가는데 이를 본 아이들과 동물들이 검피 아저씨에게 자신들도 그 배에 태워달라고 요청한다. 검피 아저씨는 '떠들면 안 된다.' '장난치면 안 된다.' '싸우면 안 된다.'는 단서를 달고 배에 태워주지만, 아이들과 동물들이 그 말을 들을 리 없다. 결국 배가 뒤집히고 모두가 물에 빠져 흠뻑 젖는다. 그래도 다들 기분 좋게 집에 돌아와 차를 나누어 마시면서 이야기가 마무리된다.

'날개' 선생님과 나는 책《검피 아저씨의 뱃놀이》내용을 극으로 만들어 무대 위에 올릴 계획을 세웠다.《검피 아저씨의 뱃놀이》는 이야기의 구조가 단순하면서도 재미있어서 극으로 꾸미기 쉽다는 장점이 있었다. 또 갓 말을 배우기 시작한 아이의 말투처럼 짧고 어눌한 대사로 내용이 전개돼 이야기가 한결 친근감 있게 느껴진다는 점도 좋았다. 무엇보다도 대사가 간단하고 반복적이라서 언어 능력이 발달하지 않은 장애아들도 따라할 수 있다는 점에서 이 이야기를 놀이 프로그램으로 만들게 된 것이다.

좋아, 대신 배 위에서
움직이면 안 돼.

당시 놀이 수업을 진행했던 특수학교는 대부분의 학생이 발달 장애가 있는 아이들이었고, 반향어^{주변 사람들의 말을 그대로 따라 하는 말}를 하거나 언어 능력이 현저하게 떨어지는 아이들이 많았다. 다행히 '검피 아저씨의 뱃놀이'는 대사가 짧고 반복적이라서 배우를 물색하는 데 특별히 어려움은 없었다. 다만 그해에는 신입생이 두 명 정도밖에 되지 않아서 나와 '날개' 선생님도 아이들과 함께 무대에 올라야 했다.

주인공 '검피 아저씨' 역할은 덩치는 크지만, 하는 짓이나 외모는 곰돌이처럼 귀여운 아이가 맡았다. 검피 아저씨는 전체 극을 이끄는 중요한 역할이지만, 그 아이가 반향어를 할 줄 알아서 이끔이 교사가 시범을 보여주고 도와주면 충분히 잘해낼 것 같았다. 이야기에 나오는 아이 역할과 동물 역할을 맡을 학생들도 결정했다. 검피 아저씨의 배는 파란색 천을 이용해서 형상화하기로 했다. 나와 '날개' 선생님은 아이들과 함께 반복해서 대사 연습을 하면서 시간 가는 줄 모르고 공연 준비에 몰입했다.

본격적인 무대 연습에 들어갔을 때의 일이다. 그날 우리는 공연의 하이라이트, 즉 검피 아저씨와 아이들과 동물들이 다 함께 뱃노래를 부르며 배를 타고 떠나는 장면을 연습하고 있었다. 그 장면에서 각자 배역을 맡은 아이들은 배를 상징하는 파란색 천을 붙잡고 뱃노래를 불러야 했는데, 발달장애가 있는 아이들이라서 직접 뱃노래를 부를 수가 없었다. '날개' 선생님은 그 대신 녹음한 경기민요 뱃노래를 이용하기로 결정했고, 내가 그 노래를 불러 녹음을 해야 했다. 예전에 취미로 경기민요를 배운 적이 있었기 때문이다.

내가 부른 뱃노래에 맞춰 아이들은 배를 타고 떠나는 장면을 연습했다. 배를 상징하는 파란색 천을 붙잡고 배가 물결을 넘어가는 상황을 연출하면서 다 함께 덩실덩실 몸을 움직이기 시작했다. 그런데 어느 아이가 민요 가락에 맞춰 신나게 몸을 움직이면서 너무나도 즐거워했다. 구수하게 흐르는 가락과 펄럭이는 파란색 천의 움직임이 아이 내면에 있는 표현 본능을 자극한 것 같았다. 자신이 느끼는 즐거움을 덩실덩실 온몸으로 표현하고 있는 아이는 더 이상 장애아가 아니었다. 바람이고, 파도이며, 자유였다.

'날개' 선생님과 나는 그 아이의 모습이 기특해서 아예 '검피 아저씨' 역할을 그 아이에게 맡기기로 결정을 했다. 내면의 감정을 이 정도로 즐겁게 표현해낼 수 있는 아이라면 주인공 역할도 충분히 해내리라고 믿었다. 다만 그 아이가 반향어를 잘하지 못해서 대사 연습은 보조 이끔이인 내가 도와주기로 했다. 다행히 검피 아저씨의 대사는 "움직이지 마." 단 한 마디였다. 다섯 글자로 된 간단한 말이라 충분히 잘해낼 거라고 믿었고, 그 믿음대로 아이는 내가 불러주는 대사를 잘 따라했다.

드디어 공연날이 다가왔다. 무대에 오른 아이들은 그동안 연습해온 대로 자신이 맡은 역할을 무사히 해냈다. 검피 아저씨 역할을 맡은 아이도 '움직이지 마.'라는 대사를 틀리지 않고 또박또박 말했고, 막이 내릴 때까지 주인공 역할도 아주 잘해냈다. 그 아이는 그해에 산신령이 나오는 금도끼 은도끼 이야기로 다시 한번 무대에 올랐다. 그리고 전교생과 수많은 학부모가 지켜보는 가운데 선생님의 손을 잡고 극 중의 역할을 보란 듯이 해냈다.

나는 이 경험으로 연극이라는 놀이가 장애아들에게 얼마나 좋은 자극을 주는지 새삼 깨달았다. 아이들은 무대 연습을 하는 내내 파란색 천을 흔들며 즐거워했다. 그 천으로 배가 뒤집어지는 장면을 연출할 때는 좋아서 어쩔 줄을 몰라 했다. 물에 빠지는 장면을 연기할 때도 파란색 천을 머리에 뒤집어쓰거나 펄럭이면서 온몸으로 기쁨을 표현했다. 펄럭이는 천의 움직임과 리듬감 있는 음악이 아이들에게는 또 하나의 놀이였던 것이다.

그동안 발달장애가 있는 아이들과 수많은 놀이를 하면서 느낀 점은 장애가 있는 아이들은 표현하는 방식이 다양하지 않을 뿐, 놀이 속에서 보이는 모습은 비장애 아이들과 다를 바가 없다는 것이다. 나를 드러내고 표현하는 모든 활동에는 치유적인 요소가 있다. 그것이 놀이와 결합될 때, 장애가 있는 아이들도 더 자유롭게 자신을 표현하고 기쁨을 느낀다.

하지만 많은 사람이 장애가 있는 아이들은 몸이 불편하고 마음이 불편하다는 이유로 놀이를 즐기지 못할 거라고 생각한다. 교육 현장에서도 장애가 있는 아이들이 여느 아이들처럼 마음껏 뛰어놀며 도전하고, 감정을 표현하고, 친구들과 함께 어울릴 수 있는 놀이판을 찾아보기가 어렵다. 장애아들은 놀 권리에 있어서도 차별받고 있는 것이다.

늦었지만 이제라도 이 아이들에게 놀이할 자유를 주고, 놀 권리를 마음껏 누릴 기회를 마련해주어야 한다. 우리가 알고 있는 수많은 놀이를 어떻게 적용해야 장애아들과 놀이로 만날수 있을지에 대해 고민해야 한다. 내 경험에 비추어봤을 때 몸이 불편해서, 마음이 아파서, 지적인 능력이 부족해서 이런 놀이는 안 되고, 저런 놀이는 할 수 없다는 건 없다. 단순화하고 변형하면 장애아들도 모든 놀이를 즐길 수 있다.

놀이는 평등하다. 놀이라는 세상에서는 장애가 있는 아이도, 장애가 없는 아이도 다 같은 아이일 뿐이다.

4장

7   8

아이들의
놀 권리

1   2

'아이 한 명을 키우려면
온 마을이 필요하다.'는 아프리카 속담이 있다.
아이를 잘 키우는 일은 개인의 노력만으로는
어려우며, 사회적 지원이 그만큼
뒷받침되어야 한다는 의미이다.
나는 가끔 이 속담에서
'아이 한 명을 키우려면'이라는 문구를
'아이들에게 놀 권리를 보장해주려면'으로
바꿔보면 어떨까 하는 생각을 해보곤 한다.
이 문구 뒤에 이을 말을 우리 사회는
어떻게 답할 수 있을까?

우리도
숨 쉬고 싶어요

지난 2015년 4월 25일 세종대학교 컨벤션센터에서 〈어린이 놀이헌장 원탁회의〉가 열렸다. 〈어린이 놀이헌장〉 제정을 추진하던 시도교육감협의회에서 어린이의 목소리를 헌장에 담고자 서울에서 제주까지 전국에 있는 초등학교 1학년~6학년 어린이 200명을 한자리에 초대한 것이다. 어린이를 놀이의 주체이자 '놀 권리'의 당사자로 인정한 역사적인 현장이었다.

아동의 '놀 권리'는 1992년에 발표된 〈세계아동헌장〉에서 언급하고 있는 뿌리 깊은 개념이다. 〈세계아동헌장〉 제25조를 보면 '모든 학교는 놀이터를 갖추어 넓은 땅을 갖지 못한 모든 아동에게 방과 후에 놀 수 있는 놀이터를 제공하지 않으면 안 된다.'라고 명시하고 있다.

20세기 초만 하더라도 사람들은 아이를 어른의 '축소판'으로 여겼으며, 따라서 아이들도 어른과 똑같이 '바르게'(?) 행동해야 한다고 생각했다. 만약 그렇게 하지 않는다면 아이를 때려서라도 훈계하고 가르쳐야 한다고 여겼다. 차츰 학자들의 연구에 의해 아이는 어른과는 다른 고유한 존재라는 사실이 밝혀지면서 아동의 권리라는 개념이 생겨났다. 어른과 사회는 아동의 권리를 보호해야 할 의무가 있다는 사회적 인식도 싹트기 시작했다.

우리나라에서 아동의 권리를 인정한 첫 사례는 1923년 5월 1일 소파 방정환 선생님이 어른들에게 드리는 말로 작성한 〈어린이 선언문〉이라고 할 수 있다. 선언문에는 '어린이들이 서로 모여 즐겁게 놀 만한 놀이터와 기관 같은 것을 지어주시오.'라는 문구가 적혀있다. 아이들에게 '놀 권리'가 있다는 당당한 선언이었다.

그렇다면 〈어린이 놀이헌장 원탁회의〉에서 아이들은 우리나라의 놀이문화와 자신들이 누리고 있는 놀 권리에 대하여 어떻게 이야기했을까?

그날 원탁회의에는 첫 번째 의제로 '놀이는 ○○이다'라는 문구가 올라왔다. 아이들이 각자 놀이에 대한 자신의 생각을 발표하고, 이 문구의 빈칸을 채워 아이들의 눈높이에서 놀이를 정의하는 방식이었다. 형형색색의 메모지에 아이들이 적어 낸 생각은 다양했다.

"놀이는 친구다."

"놀이는 슬픔을 막아주는 방패다."

"놀이는 숨구멍이다."

"놀이는 상처를 치료하는 시간이다."

그 역사적인 현장을 함께하면서 아이들이 적어 낸 메모지를 사진으로 찍어 담기에 바빴던 나는 마지막 문구를 발견하고 가슴이 아팠다. 어떤 상처가 어떻게 치료되었을까. 굳이 묻지 않아도 느껴졌다. 그동안 놀이를 통해 아이들을 만나온 경험으로 미루어 봤을 때 충분히 짐작할 수 있었다. 아이 스스로 놀이를 그렇게 정의할 수 있다는 자체로 대견했다.

〈(사)놀이하는사람들〉에서 회원으로 활동하는 엄마를 둔 아이는 '놀이는 아무도 가르쳐주지 않는 것을 가르쳐주는 선생님이다.'라고 썼다. 엄마 덕분에 나름 다른 아이들보다 놀이를 많이 접하고 살아온 아이다운 대답이었다.

놀이는 아이들을 숨 쉬게 하는 산소다. 왜 산소일까? 산소는 우리의 생존을 좌우할 만큼 중요한 것이지만, 우리는 평소 살아가면서 산소가 지닌 가치를 잘 인식하지 못한다. 놀이도 마찬가지이다. 아이들은 놀이를 통해 심신을 성장시키고, 사회성을 발달시킨다. 훗날 사회로 나아가서 행복한 삶을 영위할 수 있는 생존의 기술을 놀이를 통해 완성한다.

하지만 요즘 아이들은 학교와 학원과 집을 오가느라 놀 시간이 부족하다. 그림책을 보며 상상의 나래를 펴야 할 대여섯 살 아이들이 한글을 읽고 셈을 배운다. 놀이터에서 아이들이 노는 소리가 사라지는 속도 만큼 조기교육은 무한경쟁으로 치닫는다. 아이들에게 산소나 다름없는 놀이가 뒷전으로 밀려난 지 오래다. 그런데도 부모들은 이 모두가 '아이의 장래를 위해서'라며 스스로를 위로한다.

어른들이 놀이의 가치를 어떻게 인식하고 있는가를 보여주는 단적인 예가 있다. 여기 두 명의 자녀가 있다고 치자. 두 아이 중 한 명은 친구와 놀고 있고, 다른 한 명은 자기 방에서 공부를 하고 있다. 만약에 부모가 아이에게 심부름을 시켜야 하는 상황이라면, 둘 중 어느 아이에게 시킬까. 아마도 십중팔구는 친구와 놀고 있는 아이에게 심부름을 시킬 것이다. 놀이를 하는 시간은 아이가 성장하는 데

꼭 필요한 소중한 시간이지만, 대부분의 부모는 노는 아이가 공부하는 아이와 똑같이 가치 있는 시간을 보내고 있다고 여기지 않기 때문이다.

아이가 학교에서 돌아왔을 때도 부모들은 보통 이렇게 묻는다. "너 오늘 학교에서 뭐 배웠어?" 즉 무슨 공부를 했느냐는 의미다. "뭐하고 놀았어?"라고 묻는 부모는 많지 않다. 또 "놀고 있네." "놀지 말고 공부해."와 같이 놀이를 부정적인 의미로 쓰는 언어가 일상에서 난무한다. "공부는 하고 노는 거니?" 이런 말들이 가진 함의는 하나다. 놀이는 공부의 반대말이라는 의미이다.

정신과 의사이자 미국 최고의 놀이 행동 전문가인 스튜어트 브라운Stuart Brown 박사는 자신의 저서 《플레이, 즐거움의 발견》에서 이 같은 통념은 잘못된 것이며, 놀이의 반대말은 '우울함'이라고 강조한다. 놀이는 즐거움을 추구하는 인간의 가장 기본적인 욕구이며, 행복해지고 싶다면 반드시 찾아야 하는 가치라는 것이다.

놀이는 아이들의 본능이자 삶이므로, 놀이를 제대로 즐기지 못하는 아이는 성장과 발달에 문제가 생길 가능성이 높다. 부정적인 감정을 해소하지 못하여 폭력적인 성향을 갖게 될 수도 있고, 극도로 예민한 아이가 될 수도 있다. 갈수록 우울한 아이들이 많아지고, 학교 폭력과 왕따 같은 현상이 날로 늘어나는 것도 아이들에게 놀 기회가 부족해지는 사회적 현실과 무관하지 않다.

원탁회의에서 어느 아이가 적어 낸 '놀이는 상처를 치료하는 시간이다.'라는 문구에는 이런 현실이 반영되어있다. 하지만 이 문구는 바꾸어 말하면, 놀지 못해서 아이들이 받은 수많은 상처가 오히려 놀이를 통해 치료될 수 있다는 의미가 될 수도 있다. 아이들은 놀이 속에서 서로에게 상처주고 상처받기도 하지만, 동시에 놀이를 통해 서로를 치유해주고 치유받기도 한다. 이건 내가 그간의 경험으로 얻은 확신이다.

놀이를 하는 아이들은 가치 없는 시간을 보내는 게 아니다. 성장하기 위한 고군분투를 하고 있는 것이다.

아이들은 놀이라는 산소를 마셔야 세상을 살아갈 힘을 얻는다. 놀이라는 비일상에서 져보기도 하고 울어보기도 하고 다쳐보기도 한 아이일수록 자존감이 높고, 관계에서 생기는 어려움도 쉽게 극복할 수 있다. 그러니 이제부터라도 잘 노는 아이들을 쓰다듬어주고, 칭찬해주고, 기를 살려줘야 한다. 잘 노는 아이들에게 "잘 노는 걸 보니 크게 될 놈이구나." "넌 놀이의 달인이네. 놀이의 달인은 뭐든지 잘할 수 있단다."라는 말을 자주 해주어야 한다.

놀이는 아이들에게 생명의 원천이다. 숨 쉬고 싶다고 여기저기서 아우성 치는 아이들의 목소리가 들리는 듯하다.

누구를 위한
놀이인가요?

1989년에 제정된 〈유엔아동권리협약〉 제31조는 '모든 어린이는 휴식과 여가를 즐기고, 자신의 연령에 적합한 놀이와 오락 활동에 참여하며, 문화생활과 예술에 자유롭게 참여할 수 있는 권리가 있다.'고 명시하고 있다. 간단히 말하면 '모든 아이는 놀 권리가 있다.'는 얘기다.

언젠가 초등학교 1,2학년 아이들과 놀이 수업을 하다가 이 주제를 놓고 함께 이야기를 나눌 기회가 있었다. 마치 기다렸다는 듯이 아이들은 놀 권리보다 공부와 안전이 우선시되는 일상에 대해 불만을 쏟아냈다.

"엄마가 자꾸 학원에 보내서 놀 수가 없어요. 다니는 학원이 하나씩 늘어날 때마다 숙제가 점점 많아지는데, 엄마는 자꾸 숙제부터 먼저 하라고 재촉해요."

"놀이터에도 못 가요. 엄마가 놀이터에 가도 애들이 없다고 못 가게 해요. 놀이터에서 혼자 놀면 위험하다고요."

"숙제가 너무 많아요. 학원이 끝나고 집에 가면 6시 반인데, 학원 숙제까지 마치고 나면 잘 시간이 돼서 놀 수가 없어요."

어느 아이는 공부 때문에 악몽을 꾼 이야기를 우리에게 해주었는데, 그건 실로 영화의 한 장면이나 다름없었다.

"꿈에 엄마가 저한테 수학 문제지를 주셨는데요, 제가 너무 풀기 싫어서 그걸 찢어버렸어요. 그랬더니 그것보다 10배나 더 많은 문제지가 나타났어요. 이번에도 저는 그 문제지를 불태워버렸어요. 그랬더니 그것보다 100배나 더 많은 문제지가 또 생겨났어요. 할 수 없이 저는 그걸 갖고 지구 끝까지 달려가서 화성에다가 버리고 왔어요. 그랬더니 다음에는 처음보다 200배나 많은 문제지가 화성에서 날아와서 저를 끝까지 따라오는 거예요. 저는 그 문제지를 피해 달아나다가 잠에서 깼어요."

아이는 스스로 악몽이라고 부르는 꿈 이야기를 아주 재미있게 들려주었고, 그 얘기를 듣던 아이들은 박장대소를 하며 즐거워했다. 한창 놀아야 할 나이에 위험하다고 놀 수 없고, 학원에 다니느라 놀지 못하는 우리 아이들은 더 이상 '놀 권리'의 주인이 아니었다.

그렇다면 우리나라 공교육 현장인 학교의 사정은 어떨까? 안타깝게도 요즘은 아이들이 심지어 학교 운동장에서조차 마음껏 뛰어놀 수가 없다. 아이들이 놀다가 다치기라도 하면 학부모들로부터 민원과 항의가 들어오기 때문에 학교에서조차 아이들이 운동장에서 뛰어노는 걸 반기지 않는다.

놀이 수업이라고 해서 예외는 아니다. 어느 여름 날, 아이들과 함께 운동장에서 깡통술래잡기를 하던 도중에 한 아이가 넘어져서 무릎을 다쳤다. 축구를 좋아하는 아이였는데, 하필이면 얼마 전에 축구를 하다가 다친 무릎을 또 다치고 말았다. 아이는 많이 아픈지 울었다. 나는 아이를 보건실로 데리고 갔다. 보건 선생님은 날씨가 너무 더워 상처가 오래 남을 수도 있다고 하면서 어머니께 전화로 이 사실을 미리 알려야 한다고 했다. 나중에 항의가 들어와 문제가 될까 봐 걱정하는 눈치였다.

그 다음 주에 놀이 수업에 온 아이를 보니 다행히 일주일 만에 상처가 많이 나은 상태였다. 넘어져서 다친 부위에 벌써 딱지가 앉았다. 그런데 아이를 데리고 온 돌봄 전담 선생님이 당분간 깡통술래잡기 놀이를 하지 말아달라고 금지령을 내렸다. 처음에는 다친 아이의 어머니가 부탁을 해서 깡통술래잡기 놀이를 금지한 줄로만 알았다. 그런데 나중에 알고 보니 그게 아니었다. 아이들이 또 다칠 경우 어머니들로부터 항의가 들어올 것을 염려한 선생님이 사전에 그런 일이 생기는 것 자체를 차단하고자 깡통술래잡기 금지령을 내린 것이다.

그날 깡통술래잡기를 열렬히 하고 싶어 했던 아이들은 하는 수 없이 '바나나 술래잡기'와 '화석 술래잡기'로 마음을 달래야 했다. 이 두 놀이는 깡통술래잡기보다 조금 덜 뛴다. 신나게 뛰다가도 누가 '얼음~!' 하고 외치면 곧바로 달리기를 멈추고 얼음처럼 굳은 자세로 가만히 있어야 한다. 그러니 뛰다가 넘어지거나 다칠 가능성이 그만큼 적기는 하다. 하지만 깡통술래잡기가 주는 짜릿한 즐거움도 그만큼 줄어들 수밖에 없다.

사실 어른들이 걱정하는 것과는 달리, 아이들은 놀이를 하다가 위험한 상황을 맞닥뜨려도 대부분은 크게 다치지 않는다. 노는 신체가 어른보다 발달되어있기 때문이다.

놀면서 많이 다치는 건 오히려 어른들이다. 일상에서 많이 놀아보지 못했기 때문에 자기 신체의 한계를 감지하지 못하는 것이다. 심지어 어른들은 많이 부딪치지도 않았는데 크게 다친다. 십자인대가

찢어지기도 하고, 뒤로 넘어져 머리를 다치는 경우도 있다. 이 모두가 평소에 많이 놀아보지 않아서 생기는 일이다.

무엇보다 아이들은 위험한 상황에 부딪쳐보기도 하고, 때로는 다쳐보기도 해봐야 순간적으로 자기 보호 본능을 발휘할 줄 알게 된다. 그런데도 일부 어른들은 아이가 놀고자 하고 스스로 하고 싶은 놀이를 선택하는 것조차 '사랑'과 '보호'라는 이름으로 제한한다. 나 역시 놀이 수업을 하면서 아이들이 다칠까 봐 걱정하는 부모님과 선생님, 이웃들과 수시로 부딪친다. 이것이 우리나라 놀이문화의 현실이고, 우리 아이들이 누리고 있는 놀 권리의 수준이다.

〈유엔아동권리협약〉 제31조가 명시하고 있는 아동의 '놀 권리'는 머릿속에 존재하는 이상이 아니다. 아이들을 대하는 어른과 우리 사회가 아동의 인권 차원에서 반드시 지켜야 하는 원칙이다.

한창 자라는 어린 시절은 인생에서 가장 열렬히 뛰어놀아야 할 시기이다. 이때를 놓치면 마음껏 뛰어놀면서 순수한 기쁨과 행복을 맛볼 수 있는 시간이 다시는 오지 않는다. 놀이는 추억을 만들고, 세상을 탐험할 용기를 주고, 힘든 시간을 견뎌내는 원동력이 되어준다.

아이들에게 놀이를 돌려주어야 한다. 놀이라는 산소를 마시고 숨 쉬고 싶다는 아이들의 목소리에 귀 기울여주어야 한다.

놀면서
공부하는 학교

　　최근 반가운 소식이 들려오고 있다. 각 시도교육청
에서 아이들의 놀 권리를 보장하기 위하여 관련 조례를 제정하는 등
놀이와 교육이 하나 되는 학교 문화를 만드려는 움직임이 전국에서
일어나고 있다. 놀이를 아예 교육과정에 넣어 학교에 놀이문화를 정
착시킨다는 야심찬 계획도 발표하고 있다.

　　실제로 학교 현장에 가보면 그 변화를 눈으로 확인할 수 있다.
블록제로 수업을 하여 1,2교시를 연속으로 하고, 대신 쉬는 시간을
20분으로 묶어 놀이 시간을 운영하는 학교가 늘고 있다. 아이들에게
점심 시간을 충분히 주어 50-60분 동안 마음껏 놀 수 있게 하는 학교
도 있다. 어떤 학교에서는 등교 후 1교시 전까지 아침 놀이 시간을 운
영하고, 방과 후에도 놀이 시간을 운영한다. 학부모 놀이 지원단과 학
부모 전래놀이 동아리를 운영하는 학교도 있다. 학교 운동장에 아이
들이 노는 시끌벅적한 소리가 되살아나고 있다.

　　경기도 고양시에 있는 상탄초등학교는 혁신학교의 모범이라고
불린다. 최근 이 학교를 방문한 적이 있다. 그날 학교 정문에 도착했
을 때 마침 아이들이 운동장으로 쏟아져 나오고 있었다. 중간 놀이 시
간이 시작된 것이다.

　　"와아~ 꺄르륵."

"야, 잡아라, 잡아."

"늦게 오는 사람 술~래."

언론 보도를 통해 상상했던 것보다 중간 놀이 시간의 활기는 대단했다. 운동장을 뛰어다니는 아이, 미끄럼틀을 기어오르는 아이, 축구를 하는 아이들의 얼굴에는 웃음꽃이 활짝 피었다.

건물 안으로 들어가 교실을 살펴보니, 대부분의 아이가 운동장으로 나가고 교실에서 남아있는 아이는 많지 않았다. 그 아이들마저도 공기놀이를 하거나 스티커를 떼어 공책에 붙이면서 놀고 있었다. 선생님의 설명을 들어보니, 중간 놀이 시간에 가능한 한 아이들이 밖으로서 나가 놀 수 있도록 독려하고 있다고 했다.

3교시가 시작되자 신나게 땀 흘리며 뛰어놀던 아이들이 교실로 돌아와 자리에 앉았다. 아이들은 눈빛이 초롱초롱했다. 놀이의 힘으로 다시 수업을 이어가는 교실 분위기가 여느 학교와 사뭇 달랐다.

상탄초등학교에서는 교사들도 놀이 수업에 적극적이었다. 놀이 수업을 참관하는 것은 물론이고, 교사 연구실에는 여러 가지 놀이 자료가 넘쳐났다. 한쪽 벽에 있는 책꽂이에는 각종 놀이 관련 책이 꽂혀 있었는데, 그중에는 《서정오의 옛이야기》 책도 있었다. 옛이야기 연수나 놀이 연수를 받은 선생님들이 꽤 있다고 했다.

〈(사)놀이하는사람들〉에서는 교사가 직접 놀이를 배워서 아이들이 학교에서 교사의 안내를 받아 일상적으로 놀이를 할 수 있도록 하자는 바람을 가지고 있다. 교사들이 학교에서 놀이를 한다면, 일반 학부모나 놀이활동가가 학교를 찾아가 아이들과 놀이를 하는 것보다 그 효과가 몇 백배나 클 것이기 때문이다.

이런 이유로 〈놀이를 연구하고 실천하는 교사 모임〉이 늘어나기를 소망하지만, 현실이 녹록치 않다. 〈(사)놀이하는사람들〉 안에서도 놀이에 열정을 가진 교사 모임을 10년째 운영하고 있지만, 회원 수가 좀처럼 늘지 않는다. 〈(사)놀이하는사람들〉에서는 전국에 있는 학교를 돌아다니며 놀이 수업을 진행하고 있는데, 실제로 가보면 막상 놀이에 별 관심이 없는 학교가 의외로 많다. 우리가 놀이 수업을 진행하고 있는 동안 아이들과 함께 있지 않고 다른 곳에 가서 다른 업무를 보는 교사들도 아주 많다. 그런 학교와 교사들을 보면 가끔은 우리가 하는 일회성 놀이 수업이 무슨 의미가 있을까 싶은 생각이 들어 기운이 빠지고 허무해질 때도 있다. 하지만 그 일회성 놀이 수업조차도 아이들은 반가워하고 굶주린 늑대처럼 포효하며 미친 듯이 뛰어다닌다. 현실이 이러하니 놀이 수업을 포기할 수도 없는 노릇이다.

이런 상황인데도 교사들이 놀이에 열정을 보이지 않는 이유는 뭘까? 내 판단으로는, 우선 교사들이 담당하는 업무가 너무나 많다. 수업 외에도 처리해야 할 서류와 업무가 산더미처럼 쌓여있어서 교육과정을 따라가기도 벅찬 게 교사들의 현실이다. 교사의 업무를 줄여주고 서류 처리와 관련한 인력을 따로 배치하지 않는다면, 아이들의 놀 권리를 학교 교육과정에 반영한다는 건 공염불에 그치고 말 가능성이 높다.

한편으로 교사들도 놀이 전문성을 갖추기 위해 노력해야 한다. 놀이할 때 아이들은 이기적인 마음을 쉽게 드러낸다. 그게 아이들 간의 갈등과 다툼으로 이어지기도 한다. 그런데 교사들은 이런 상황 자체를 힘들어한다. 많은 교사가 놀이를 하면 아이들 간에 벌어지는 갈등과 대립 때문에 수업하기가 힘들다고 하소연한다. 아이들은 끊임없이 움직이는 존재인데, 교사들은 아이들이 서로 부딪치거나 다투지 않고 그저 가만히 놀이에만 집중해야 한다고 생각한다. 놀이에 대한 전문성이 부재한 탓이다.

2018년 7월 24일 국회에서는 정부 관계자, 교육 관계자, 놀이 활동가 그리고 놀이의 주체인 아이들이 토론자로 참여한 놀이포럼이 열렸다. 우리나라의 놀이문화에 대해 문제제기를 하는 뜻 깊은 자리였다. 이날 청소년정책연구기관에 있는 연구자 한 분이 토론에 참여한 어느 남학생에게 '만약 너희에게 놀 권리가 주어진다면, 너희는 충분히 놀 수 있겠느냐?'라고 물었다고 한다. 그러자 그 학생은 단호한 목소리로 이렇게 대답했다고 한다.

"놀 권리요? 솔직히 지금 같아서는 미래가 불안해서 우리가 원하는 만큼 마음껏 놀기는 힘들 것 같아요. 하루라도 빨리 우리가 불안해하지 않고 맘껏 놀 수 있는 사회가 되었으면 좋겠어요."

어느 언론에서 보도한 한 통계를 보면, 아이들이 실외에서 놀이 활동을 하는 시간이 우리나라는 하루 평균 34분이고, 미국은 119분이라고 한다. 고질화된 주입식 교육, 수월성 교육이 횡행하는 현실에서 이런 통계 결과가 나온 건 어찌 보면 당연하다는 생각마저 든다.

수월성Excellency,秀越性 교육이라는 말의 원래의 의미는, 학생 개개인에게 잠재적 능력과 적성을 최대한 발휘할 수 있게 해주어 개인의 자아실현을 도모하는 교육을 말한다. 이 말이 우리나라에서는 우수한 엘리트를 발굴하는 교육이라는 의미로 변질되어 사교육을 활성화시키고, 계층 간에 위화감을 조성하는 결과를 낳고 말았다.

많은 아이가 초등학생 시절부터 학교 수업을 마치고 서너 개의 학원을 돌고 나서 저녁 늦게 파김치가 돼 집으로 돌아오는 하루 일과를 보낸다. 과도한 학업 부담과 대학 입시에서의 실패, 그리고 극심한 학교 폭력과 왕따로 아이들이 꽃다운 나이에 스스로 생을 마감하는 안타까운 일도 벌어지고 있다. 이런 비극적인 사태를 막으려면 우리의 교육이 근본적으로 바뀌어야 한다.

'아이들은 멍들 권리가 있다'

영국 속담에 이런 말이 있다. 아이들에게는 마음껏 뛰놀고 다치기도 하면서 그 속에서 단련될 권리가 있다는 말이다.

나는 우리의 교육을 바꿔나가는 과정에서 놀이가 하나의 방법이 될 수 있다고 생각한다. 그러려면 전국에서 일어나고 있는 놀이문화운동이 더욱 확산되어 아래로부터의 요구가 우리의 교육제도를 혁신시키는 힘을 발휘해야 한다. 아이들의 놀 권리를 아동의 인권 차원에서 보호해야 한다.

그래서 나는 오늘도 놀이 수업을 하러 간다. 교실 문을 활짝 열어젖히고 아이들에게 힘주어 말한다. 오늘도 신나게 놀아보자고. 죽도록 놀아보자고. 그러면 집과 학교와 학원을 오가느라 지친 아이들의 얼굴에 함박웃음이 피어난다. 아이들의 함성이 울려 퍼진다. 이 소리가 학교 운동장에서 일상적으로 울려 퍼질 날이 오기를 기대한다.

창의성과 공동체 의식이 살아나는 놀이터

〈유엔아동권리협약〉 제12조 1항은 '당사국은 자신의 의견을 형성할 능력을 갖춘 아동에게 본인에게 영향을 미치는 모든 문제에 대해 자유롭게 의견을 표현할 권리를 보장하고, 아동의 나이와 성숙도에 따라 그 의견에 적절한 비중을 부여해야 한다.'고 명시하고 있다. 이 조항을 우리 아이들이 뛰어노는 놀이터에 적용해본다면 어떨까? 우리나라 놀이터에는 놀이의 주인인 아이들의 의견이 얼마나 반영되어 있을까?

우리 주변에서 흔히 보는 놀이터의 형태는 뉴욕 시의 도시공원국장이었던 모제스Robert Moses의 구상에서 시작되었다.[1] 모제스는 놀이

---

1 놀이터의 역사와 세계의 놀이터/김성원 강의자료

터의 4S Swing그네, Slide미끄럼틀, Seesaw시소, Sandbox 모래놀이박스를 주창한 인물로, 이 4S를 기준으로 하여 1934-1960년 사이에 뉴욕 시에 658개의 놀이터를 조성하였다. 이것이 이후 놀이터의 대표적인 형태로 자리 잡았고, 우리나라에서도 그 영향을 받아 놀이터가 전국 어디를 가나 천편일률적인 구조와 디자인을 갖추게 되었다.

놀이터의 표준화에 대항하는 움직임이 1930년에 이르러 시작됐다. 이를 주도한 것은 스칸디나비아의 디자이너들이었다. 2005년 리차드 루브Richard Louv의 책《자연에서 멀어진 아이들》이 출간되면서 표준화된 놀이터에 대한 문제제기가 유럽 사회 전체에 커다란 반향을 일으켰다. 이는 모험놀이터, 숲 놀이터가 확산되는 계기가 되었으며, 2000년대에 이르러서는 유럽에서 시작된 모험놀이터가 전 세계로 퍼져나가기 시작됐다. 이 과정에서 놀이터의 주인인 아이들이 참여하고 그들의 의견을 반영하여 만든 놀이터가 생겨나기 시작했다.

선진국에서는 여기서 한 걸음 더 나아가 도시의 정책을 만드는데에도 어린이를 참여시키기 시작했다. 예를 들어 영국의 런던 시는 7-15세의 어린이와 청소년으로 구성된 그룹 〈LUCLynk Up Crew〉와 매달 모임을 갖는다. 런던 시가 직면하고 있는 여러 문제를 해결하는 데 아이들의 의견을 반영하기 위해서다. 〈Young Londoners Fund〉을 설립하여 어린이와 청소년을 위한 다양한 프로젝트에 투자도 하고 있다. 네덜란드, 미국, 호주에서는 아이들을 정책 입안 과정에 참여시켜 아이들이 건강한 시민으로 성장할 수 있도록 기회를 열어준다. 20년 넘는 역사를 가진 미국의 비영리단체 〈KaBOOM!〉은 지역사회에 새로운 놀이터를 건설하면서 2-12세 어린이들과 협력하고 있다.

그렇다면 우리의 현실은 어떨까. 앞서 언급한 2018년 7월 24일 국회에서 열린 포럼에서는 '도시 아이들의 삶과 이동, 놀이'라는 주제로 놀이터 공간에 대한 문제제기가 쏟아졌는데, 그중 가장 인상적이었던 건 토론자로 참가한 서울 동작구 남성중학교 1학년 최아인 학생이 한 발언이었다.

최아인 학생은 혁신교육사업인 '아무거나아이들의 무한하고 거대한 꿈나래 프로젝트'에 참여하여 동작구에 있는 놀이터를 10군데 가량 탐방했는데, 당시에 자신이 직접 목격한 놀이터의 상태를 "우리나라의 놀이터는 한마디로 'Ctrl C+Ctrl V복사하여 붙이기'예요."라는 말로 표현했다. 이어서 아이들의 놀이는 놀이터뿐 아니라 집, 친구네 집, 주변의 길, 학교 운동장 등 우리가 생활하는 모든 곳에서 시작된다고 하면서, 아동의 놀 권리를 실현하려면 아무리 사소한 것이라도 먼저 마을을 바꾸어야 한다고 말했다. 참으로 뼈아픈 지적이다.

현재 우리나라에는 전국에 7만1,329개의 놀이터2018년3월21일 기준**2**가 있는데, 앞서 언급했듯이 모두 그네와 시소, 그리고 미끄럼틀을 그저

---

2 행정안전부 어린이 놀이시설 안전관리시스템 참조.http://cpf.go.kr

갖다 놓기만 한 천편일률적으로 형태로 디자인되어있다. 또 전체 놀이터의 45%가 수도권에 밀집되어있는데, 이는 12세 미만 아동 인구 680만 명 중 절반이 수도권에 살고 있기 때문이다.

다행히 우리나라에서도 〈유엔아동권리협약〉 제12조 1항이 권고하는 대로 놀이터를 만드는 과정에 어린이들을 참여시키는 움직임이 활발하게 이어지고 있다. 그 출발은 2016년에 완공된 제1호 순천 기적의 놀이터 '엉뚱발뚱'이다[3]. 이 놀이터는 제작 초기 단계부터 순천 율산초등학교 50명을 놀이터 감리단으로 참여시켜 아이들이 현장에서 제안한 다양한 아이디어를 반영하였다.

1호 '엉뚱발뚱' 기적의 놀이터가 경사진 지형에 물과 돌, 모래와 통나무를 둔 자연 친화적 놀이터라면, 뒤이어 개장한 순천 제2호 기적의 놀이터는 스페이스 네트와 워터 슬라이드, 잔디 미끄럼틀과 바구니 그네 등을 갖추어 도전과 모험 정신을 기를 수 있도록 만들어졌다. 그래서 놀이터 이름도 '작전을 시작하~지'이다. 역시 인근에 있는 율산초등학교 학생들의 의견을 반영하고 감수를 받았다.

기적의 놀이터 3호 '시가모노 시간 가는 줄 모르고 노는 놀이터'는 초등학생을 대상으로 놀이터 이름을 공모하였으며, 동산 초등학교 6학년 배수환 학생이 제안한 이름이 최종 선정됐다. 이처럼 순천시 기적의 놀이

---

3 전남조은뉴스/조순익기자,2018.4.6. 참고

터는 행정가와 시민, 어린이와 전문가가 오랜 기간 협의하고 협동한 결과로 맺은 결실이었다.

　최근에는 서울시에서도 시장의 의지와 철학, 그리고 놀이활동가들의 협력으로 안전하게 모험을 즐길만한 놀이터가 조금씩 생겨나고 있다. 그중 한 곳인 '뚝딱뚝딱 모험놀이터'는 서울시 도봉구에 있는 아파트 내 숲길에 자라잡고 있다. 미끄럼틀과 그네, 시소 등의 천편일률적인 놀이 기구 대신 밧줄과 해먹 등이 있어서 초등 저학년 아이들에게는 안성맞춤인 놀이터다.

　아이들을 데리고 체험 삼아 '뚝딱뚝딱 모험놀이터'를 찾아간 적이 있다. 아이들은 자연 속에 위치한 이 놀이터에서 어른의 개입 없이 두세 시간을 맘껏 놀았다. 엄마들도 자연을 벗 삼아 수다를 나누었다. 아이들의 안전을 걱정하지 않아도 될 만큼 안전장치가 잘 되어있고, 놀이 안내자가 있어서 아이들이 마음껏 놀기에 충분했다.

　다만 아쉬운 점은 이 놀이터를 체험하려면 차에 아이들을 태우고 장장 1시간이 넘는 거리를 달려가야 한다는 것이다. 내가 사는 경기도 고양시에는 동네에 이런 놀이터가 없기 때문이다.

　놀이터를 만드는 과정에 어린이 당사자가 직접 참여한 경우는 아니지만, 우리가 주목해서 봐야 할 또 하나의 놀이터가 있다. 바로 무장애 통합놀이터 '꿈틀꿈틀 놀이터'이다. 2016년 1월 13일에 개장한 이 놀이터는 장애 관련 시민단체와 대학의 연구소가 참여하여 만들었다. 장애 부모와 통합교육 교사들을 심층면접하여 의견을 모은 다음, 장애 아동들이 실제로 놀이하는 모습을 관찰하고 그 결과를 반영하는 과정을 거쳐 놀이터를 디자인한 사례이다.

'꿈틀꿈틀 놀이터'는 어린이 공원 내에 있는 오래된 기존 놀이터를 활용하여 만들었는데, 장애가 있는 아이들도 안전하게 즐길 수 있는 다양한 놀이 기구를 구비하고 있다. 국내 최초로 선보이는 회전 놀이 시설은 휠체어에서 내리지 않고도 이용할 수 있다는 장점이 있다. 등받이와 안전벨트가 있는 그네는 몸을 가누지 못하는 중증장애 아동도 이용할 수 있으며, 바구니 모양으로 된 그네를 만들어 장애 아동과 비장애 아동이 여럿이서 함께 탈 수 있게 했다.

무장애 통합놀이터 '꿈틀꿈틀 놀이터'가 개장했다는 소식을 들었을 때 나는 무척 반가웠다. 장애가 있는 아동에게도 놀 권리가 있으며, 이를 충분히 보장해주어야 할 의무가 우리 어른들과 사회에 있기 때문이다. 〈사다리연극놀이연구소〉에서 일하던 시절, 나는 장애아를 둔 엄마들과 3년간 연극 작업을 하면서 장애 가족들이 얼마나 많은 상처를 안고 살아가는지, 그리고 장애아의 권리를 쟁취하기 위해 얼마나 노력하는지 알게 되었다. 그들의 이야기를 연극으로 만들어 무대 위에 올리면서 장애아들이 겨우 보장받고 있는 최소한의 권리조차 얼마나 힘들게 쟁취했는지도 알 수 있었다.

영국과 독일, 일본에서는 영·유아부터 초등 고학년과 청소년

그리고 장애아들까지 신체 발달 수준이나 나이에 알맞게 디자인 된 다양한 놀이터에서 놀 수 있는 환경을 마련하고 있다. 이는 국가 차원에서 아동의 놀 권리를 보장하고 지원하기에 가능한 일이다. 우리나라에서도 국가가 아이들의 놀이 공간에 대한 지원을 늘려나가는 추세에 있다고는 하지만, 선진국에 비하면 아직도 갈 길이 멀다.

나는 무엇보다도 장애 아이들과 비장애 아이들이 함께 놀 수 있는 놀이터가 전국 곳곳에 더 많이 만들어지기를 바란다. 아이들의 창의성과 공동체 의식이 꽃피는 놀이터가 더 많이 생겨나기를 바란다.

놀이의 주인은 아이들이다. 놀이터의 주인도 아이들이다. 무엇보다 우리가 살아가는 공동체를 이끌어갈 미래의 주인이 아이들이라는 사실을 잊지 말아야 한다.

'놀이의 날'이
국경일이 될 때까지

'아이 한 명을 키우려면 온 마을이 필요하다.'는 아프리카 속담이 있다. 아이를 잘 키우는 일이 개인의 노력만으로는 어려울 수 있으며, 사회적 지원이 그만큼 뒷받침되어야 한다는 의미이다. 즉 아이를 키우는 건 공동체의 문제라는 것이다.

156

나는 가끔 이 속담에서 '아이 한 명을 키우려면'이라는 문구를 '아이들에게 놀 권리를 보장해주려면'으로 바꿔보면 어떨까 하는 생각을 해보곤 한다. 이 문구 뒤에 이어질 말을 우리 사회는 어떻게 답할 수 있을까?

2017년에 나온 〈아동놀이정책 수립을 위한 연구〉라는 제목의 논문이 있다. 나는 이 논문을 매우 흥미롭게 읽었다. 우리보다 앞서 산업화와 도시화를 경험한 영국, 독일, 일본 등에서 아동의 권리를 실현하기 위해 고민해온 과정과 그 결과 현재 각 국가에서 시행하고 있는 다양한 놀이정책, 그리고 그와 관련한 사례를 담고 있기 때문이다. 나에게는 그중에서도 영국의 사례가 특히 인상적이었다.

영국에서는 매년 8월 첫째 주 수요일을 '놀이의 날Play Day'로 정하여 기념한다. 아이들의 삶에서 놀이가 얼마나 중요한지 알리고자 1991년에 '놀이의 날'을 국경일로 정하여 오늘날까지 이어오고 있다.

'놀이의 날'에는 해마다 새로운 주제로 놀이 캠페인이 진행된다. 2007년에는 '우리의 거리는 너무'라는 주제로 자동차에 내준 거리를 아동의 놀이를 위해 공유하자는 캠페인을 펼쳤다. 2012년에는 '나가서 놀자'라는 주제로 야외에서 노는 것이 아동의 즐거움, 건강, 복지, 발달에 가장 중요하다는 것을 알리는 캠페인이 진행됐다.

이처럼 영국이 국가 차원에서 놀이정책을 펼치게 된 데에는 1994년부터 시작된 놀이 포럼의 역할이 컸다. 당시 영국 사회에서는 산업화가 아동의 삶에 미치는 영향과 그로 인한 아동의 권리 침해 문제를 고민하고 있었다. 바로 이 시기에 놀이포럼이 연이어 열리면서 놀이의 가치에 대한 사회적 인식이 바뀌는 계기가 마련된 것이다.

이에 영국에서는 중앙정부 차원에서 바이탈VITAL[4]이라는 놀이 정책의 철학을 수립한다. 이후 2008-2020년에 걸친 단기 목표와 중기 목표, 그리고 장기 목표를 세우고 이를 꾸준히 추진해왔다. 그 결과 2008-2011년 사이에 영국 전역에 3500여 개의 놀이 공간을 만들어내기에 이른다.

이 시기에 만든 놀이 공간은 바이탈VITAL이라는 국가 놀이정책의 철학을 철저하게 견지하고 있다. 첫째로, 설계 단계에서부터 놀이에 대한 적합한 가치관을 담아내고Value based, 둘째로 아이들이 사는 곳에서 가까운 거리에 안전한 형태로 놀이터를 만들었으며In the Light Place, 셋째로 놀이터의 디자인이 우수하면서도 그 속에 위험 요소를 적절히 안배하고 있고, 놀이터가 완공된 이후에도 이를 지속적으로 관리하고 있을 뿐 아니라Top quality, 넷째 놀이터를 설계·운영하는 데 있어 지역 내 아동 및 주민의 요구를 모두 감안하였다Appropriate. 마지막으로 정부가 지원금을 주는 기간이 만료된 후에도 놀이터가 지속적으로 운영될 수 있도록 향후의 대책을 강구한다Long term.

---

4 아동놀이정책수립을 위한 연구 /2017.11.30./보건복지부, 연세대학교 연구처/산학협력단 107쪽

이처럼 영국에서는 놀이터 하나에서도 아동의 놀 권리를 보장하고자 하는 정부의 의지를 쉽게 확인할 수 있다. 왜냐하면 영국에서 아이들의 놀이는 국가와 사회가 보장해야 하는 공적 영역에 속하며, 사회적으로 놀이가 공공재라는 합의가 이뤄져있기 때문이다.

우리나라에서도 놀이를 공공의 영역으로 자리잡게 하려는 시도가 조금씩 움트고 있다. 그 한 가지 예가 〈(사)놀이하는사람들〉에서 2014년부터 해마다 열고 있는 '놀이의 날' 캠페인이다. 〈(사)놀이하는사람들〉에서는 매년 10월 '놀이의 날' 캠페인을 전국 17개 지역(지회)에서 동시에 시작하는데, 이날이 되면 어른 아이 할 것 없이 누구나 와서 마음껏 놀 수 있는 놀이판을 펼친다.

〈(사)놀이하는사람들〉에서 '놀이의 날' 캠페인을 펼치게 된 배경에는 우리 사회의 서글픈 놀이문화가 있다. 갈수록 아이들은 놀이를 점점 잃어가는데, 그에 반해 놀이 산업은 급격하게 성장하고 있기 때문이다. 값비싼 장난감이 아이들을 유혹하고, 돈을 내고 사서 하는 놀이가 날로 번창해나간다. 일례로 예전에는 영유아들이 키즈카페에 다녔지만, 이제는 초등학생들까지 대형 프랜차이즈 실내놀이터에 가서 놀이를 한다. 불과 20~30년 전까지만 해도 아이들은 동네에서, 학교 운동장에서, 놀이터에서 흙을 가지고 놀았으며 여기저기서 스스로 놀 거리를 발견하며 놀았지만. 지금은 세균 없는 안전함을 표방한 놀이터나 진흙 놀이터 정도가 고가의 입장료를 내걸고 어린 손님들을 끌어들이고 있다.

놀이가 붐을 이루는 건 좋은 일이지만, 놀이문화를 자본의 영역으로 넘기는 것은 좀 위험한 일이다. 놀이에 양극화 현상이 심화될 수 있기 때문이다. 놀이는 아이들의 본능이자 삶이다. 모든 아이는 빈부에 관계없이 마음껏 놀 권리를 누릴 수 있어야 한다. 그러려면 국가와 사회가 나서서 놀이가 공공의 영역에 자리잡도록 지원해야 한다.

다행히 민간 영역에서는 이미 놀이를 공공화하기 위한 다양한 노력이 이루어지고 있다. 유니세프에서는 전국 19개 지자체를 아동친화도시로 인증하고, 아동이 살기 좋은 지역사회를 조성하기 위해 협력하고 있다. 그 결과 서울에서만 해도 서대문구, 송파구, 도봉구, 강동구, 강서구, 종로구 등이 아동친화도시로 선정되었고, 이들 지자체에서는 아이들의 웃음소리가 끊긴 놀이터에 아이들을 다시 불러들이는 정책을 마련하고자 노력하고 있다.

이런 긍정적인 변화에도 아쉬운 점이 있다면, 소외된 지역에 있는 아이들은 도시에서 살아가는 아이들보다 이러한 혜택을 훨씬 적게 받는다는 것이다. 상대적으로 소외된 이 아이들은 놀 기회는 물론이고, 놀 공간과 놀이문화 모두가 열악하기 때문에 미디어나 디지털 놀이에 오히려 더 쉽게 빠져든다.

모든 아이가 놀 권리를 평등하게 누릴 수 있도록 하기 위하여 〈아름다운 배움〉이라는 교육운동단체에서는 방학 때마다 200여 명의 대학생 자원활동가를 모아 소외된 지역을 직접 찾아간다. 그곳 아이들과 함께 먹고 자면서 놀이하는 활동을 펼치고 있다. 이러한 활동이 이제는 공공의 영역에서 펼쳐져야 한다. 그래야 놀이의 양극화를 극복하고 모든 아이들이 놀 권리를 누릴 수 있다.

나는 '아이 한 명을 키우려면 온 마을이 필요하다.'는 아프리카 속담에서 '아이 한 명을 키우려면'이라는 문구를 '아이들에게 놀 권리를 보장해주려면'이라고 바꾼다면, 그 문구 뒤에 이을 말을 이렇게 답하고 싶다.

놀 권리를 아이들에게 보장해주려면 무엇보다도 놀이가 공공재가 되어야 한다. 놀이가 일상이 되는 세상, 아이들이 365일 행복하게 놀 수 있는 세상, 놀아야 할 나이에 맘껏 놀면서 미래를 꿈꿀 수 있는 세상은 놀이의 공공성 확보에서 시작되어야 한다.

그런 의미에서 나는 우리나라도 '놀이의 날'을 제정하여 놀이가 국가적인 축제가 되는 날이 하루빨리 오기를 바란다. 빈부에 관계없이 모든 아이들이 존중받으면서 맘껏 놀 수 있는 세상을 만들기 위하여 〈(사)놀이하는사람들〉에서는 올해도, 내년에도 '놀이의 날' 캠페인을 펼칠 것이다. 이 일은 '놀이의 날'이 국경일이 되는 그날까지 계속될 것이다.

5장

놀이하는
공동체를 위하여

나는 놀이가 공공의 영역으로
자리 잡아야 한다고 생각한다.
학교와 마을 공동체의 네크워크를 활용한다면
그게 불가능한 일은 아니다.
학교에서는 선생님이 놀아주고,
방과 후 학교 운동장에서는
학부모 놀이 동아리가 놀아주고,
동네에서는 어른과 친구들이
함께 뛰노는 공동체를 만든다면
우리 아이들에게 잃어버린 놀이를
되찾아주는 일이 그리 어렵지만은 않을 것이다.

마을에
놀이길을 그리다

가을이 깊어가는 10월의 어느 날, 서울 성북구에 있는 어린이 공원에 한 무리의 사람들이 나타났다. 어린이 공원이라고는 해도 찾아와 노는 아이들이 많지 않아 고즈넉하던 곳에 난데없이 서른 명에 가까운 성인 남녀가 몰려온 것이다.

"작업을 하려면 청소부터 해야겠네요. 그건 우리가 맡을게요."

"그럼 우리는 바닥에 있는 모래를 치울게요. 자, 서두릅시다."

조별로 사람들이 흩어지더니 공원 한쪽에서 쓰레기를 주워 치우고, 다른 쪽에서는 빗자루로 공원 바닥을 싹싹 쓸어냈다. 지나가던 주민들이 '뭘 하는 걸까?' 하는 눈빛으로 힐끗 보고 지나갔다.

공원 청소가 끝나자 사람들은 붓과 페인트를 가져왔다. 몇몇이 머리를 맞대고 여기저기를 가리키며 뭔가를 의논하더니, 어떤 사람은 줄자로 바닥을 재고, 어떤 사람은 밑그림을 그리기 시작했다. 그리고는 붓에 페인트를 묻혀 밑그림을 따라 바닥에 칠을 하기 시작했다.

얼마나 시간이 흘렀을까? 공원 바닥 여기저기서 그림이 조금씩 형태를 드러내기 시작했다. 달팽이, 8자놀이, 안경놀이, 삼팔선, 비행기 망줍기, 길 따라 가위바위보…. 사람들이 그리고 있는 것은 놀이판이었다. 아이들을 위한 놀이길을 그리고 있었던 것이다.

위의 글은 내가 활동하고 있는 〈(사)놀이하는사람들〉에서 성북구가 추진하는 놀이길 만들기 사업에 참여했던 당시의 상황을 재연한 것이다. 당시 아동친화도시로 선정된 성북구는 아동의 놀 권리와 놀이문화 확산을 위해 '마을이 함께 만드는 바닥놀이길 조성 사업'을 추진하고 있었다. 놀이터와 공원을 아이들에게 돌려주고, 아이들이 특별한 준비물 없이도 전래놀이를 즐길 수 있도록 하자는 취지였다.

그해 여름은 유난히도 더웠다. 〈(사)놀이하는사람들〉 회원들은 폭염과 폭우를 뚫고 20여 곳의 장소를 찾아다녔고, 그중 총 6곳에 놀이길을 조성하기로 결정했다. 성북구 주민 30여 명을 대상으로 하는 놀이활동가 양성 과정도 진행했다. 놀이길에 그리게 될 놀이판으로 놀이하는 방법과 아동 인권에 관한 교육이 주 내용이었다.

주민들과 함께하는 시간은 활기가 넘쳤다. 놀이길에 그리게 될 놀이판은 대부분 전래놀이판이라서 주민들 사이에서 "아, 맞다. 나도 어릴 때 이 놀이 많이 했는데." "나 이거 진짜 잘했잖아." 하는 소리가 절로 나왔다. 주민들은 어린 시절의 추억을 떠올리게 되면서 잊었던 놀이 본능이 살아나는 듯했다.

드디어 10월, 놀이길을 그리는 작업이 진행됐다. 놀이활동가 양성 과정을 마친 성북구 주민들과 〈(사)놀이하는사람들〉 회원 스무 명이 함께 참여하여 획일적인 놀이 기구와 체육시설이 들어선 놀이터와 공원 바닥에 형형색색의 그림과 놀이길을 그렸다. 하루종일 쭈그리고 앉아 작업을 하다 보니 오후가 되면 온몸이 쑤셨지만, 내 손을

거쳐 완성된 근사한 놀이판과 그곳에서 신나게 뛰어놀 아이들을 생각하면 절로 힘이 솟았다.

그런데 왜 놀이길일까? 요즘 아이들에게는 놀 공간이 없기 때문이다. 어릴 적에 놀던 길은 달리는 자동차에, 골목길은 주차된 자동차에 빼앗기고 말았다. 그나마 놀라고 주어진 공간이라고는 놀이터와 어린이 공원밖에 없다. 하지만 실제로 그 놀이터에서 노는 아이들은 찾아보기가 어렵다. 학교에서 학원 가기 전에, 또는 학원을 마치고 집으로 돌아가기 전에 잠깐 들러서 노는 아이들이 전부다. 그마저도 아이들은 놀다가 학원차가 오면, 혹은 숙제를 하기 위해 금세 놀이터를 떠난다. 그러다 보니 아이들이 주인공인 놀이터에서 아이들이 노는 소리가 사라진 지 오래다.

그렇다고 해서 그곳에 놀이판을 그려놓으면 아이들이 저절로 놀이터를 찾게 될 거라는 얘기는 아니다. 성북구가 추진하는 놀이길 만들기 사업의 핵심은 지역 주민들이 함께 참여한다는 데 있다. 아이들의 놀 권리에 대해 지역 주민들이 지속적으로 관심을 갖고, 지역 공동체가 나서서 아이들의 놀이를 되살리겠다는 의지이다.

아이들에게 놀 수 있는 시간과 공간을 마련해주는 일은 개인의 노력만으로는 이루기 어렵다. 같이 놀 아이들이 없어서 어쩔 수 없이 아이를 학원에 보낸다는 세상이 아닌가. 그런데도 키즈 카페나 대형 프렌차이즈가 운영하는 실내놀이터는 문전성시를 이룬다. 학교와 학원과 집을 오가느라 시간에 쫓기는 아이들은 이제 놀이도 시간표를 짜서 노는 게 현실이다. 지금의 놀이문화를 이대로 둔다면 우리 아이들은 앞으로 키즈 카페나 실내 놀이터에서만 놀게 될 것이다.

아이들에게 놀이는 일상이어야 한다. 놀기 위해 굳이 멀리 차를 타고 이동해야 한다면, 놀이가 일상이 되기 어렵다. 특정한 장소에서 특정한 시간 동안 놀아야 한다면 그건 진정한 놀이가 아니다.

아이들은 누구나 일상에서 맘껏 뛰어놀면서 건강하게 자라야 한다. 지역사회와 어른들이 나서서 아이들에게 동네 놀이를 돌려주어야 하는 이유가 여기에 있다.

놀이길 만들기 사업이 끝난 후에 성북구에서는 학부모들을 중심으로 하는 '시끌벅적' 놀이 동아리가 만들어졌다. 지역 주민들도 놀이길로 나가 아이들과 함께 놀아준다. 주변 벤치에서는 주민들이 삼삼오오 모여 앉아 아이들이 노는 걸 지켜본다. 아이들은 아이들끼리 놀고, 부모는 부모끼리 놀기도 한다.

나는 성북구가 아동친화도시로 성공하고 계속해서 거듭났으면 좋겠다. 놀이길에서 뛰노는 아이들의 시끌벅적한 소리가 마을에 생기를 불어넣기를 바란다. 그 사례가 널리 퍼져 아이들이 일상에서 언제든 놀 수 있는 마을이 하나 둘 늘어나기를 바란다.

시끄러우니까
딴 데 가서 놀라고요?

　　　　　　　　　내 딴에는 좋은 의도를 가지고 한 일인데, 상대방이 그 일에 불만을 제기할 때가 있다. 서로 자기 입장을 고수하다가 갈등이 빚어지는 경우도 많다. 놀이길 만들기 사업이 꼭 그랬다.

　　성북구 이후 전국의 각 지자체에서 '놀이길 만들기 사업'을 추진하기 시작했다. 〈(사)놀이하는사람들〉 산하에 있는 각 지회에서도 적극적으로 이 사업에 참여했다. 멀리는 경북 문경과 강원도 원주, 가깝게는 경기도 고양 시의 몇몇 학교와 일산 호수공원에도 놀이길을 조성했다. 가끔은 너무 힘이 들어서 회원들끼리 농담 삼아 이러다가 우리가 그린 놀이길에서 아이들과 한 번 놀아보지도 못하고 쓰러지는 게 아니냐며 우스개 소리를 하기도 했다. 그때마다 지역 주민들이 우리를 북돋아주었다. 아이들이 좋아하겠다고, 수고한다고 하는 말 한 마디에 회원들은 다시 힘을 내곤 했다.

　　하지만 불만을 제기하는 주민들도 있었다. 페인트가 마를 동안 잠시 띠를 둘러놓았더니 지나가는 데 불편을 준다고 투덜대기도 하고, 아이들이 놀면 시끄러워서 안 된다고 놀이길 조성에 반대하는 주민들도 있었다. 그런 일을 겪으면서도 그리 놀랍지는 않았다. 놀이 수업과 놀이문화운동을 해오면서 그동안 심심찮게 이런 일을 겪어왔기 때문이다.

아이들이 노는 소리가 시끄럽다는 주민 불만 때문에 아이들과 함께 놀던 놀이터를 떠나야 했던 적이 있다. 그것도 무려 10년이 넘게 매주 한 번씩 놀이 수업을 해오던 지역아동센터에서 겪은 일이다. 50대 중반으로 보이는 남자 한 분이 놀이터에서 노는 아이들을 향해 시끄럽다고 고래고래 소리를 질렀다. 그때마다 아이들은 잔뜩 주눅이 들었다. 내가 일주일에 한 번, 한두 시간만이라도 양해해달라고 부탁했지만, 그 분은 막무가내였다. 대차게 따지고 싶었지만 참았다. 나 때문에 아이들이 자칫 같은 동네에서 마주칠 수도 있을 어른에게 밉보일까 봐 걱정되었다. 하는 수 없이 그날 이후 나와 아이들은 새로운 놀이 장소를 물색해야 했다.

　가끔은 아이들에게 시끄러우니 딴 데 가서 놀라고 하는 분들에게 '그럼 아이들이 대체 어디로 가서 놀면 좋겠느냐?'고 묻고 싶다. 골목길은 주차된 차와 달리는 자동차에 점령당했다. 학교 운동장은? 많은 학교가 안전사고가 나면 학부모들로부터 항의와 민원이 들어올까 봐 아예 방과 후에 아이들이 학교에 남아 노는 것을 금지한다. 남은 곳은 키즈 카페나 대형 실내놀이터인데, 형편이 어려워서 그곳마저 갈 수 없는 아이들은 또 어디로 가야 할까?

　물론 불만을 제기하는 분들 입장에서도 나름의 사정이 있을 것이다. 밤에는 일을 해야 하기 때문에 낮에는 잠을 자야만 할 수도 있고, 건강이 좋지 않아 소리에 예민할 수도 있다. 이런 점을 감안하면 아파트 바로 옆 너무 가까이에 놀이터를 짓도록 허가한 도시개발 정책에도 문제가 있다. 그러나 다른 한편으로 생각해보면 놀이터는 아이들이 노는 공간이다. 조금 시끄러워도 놀이터 가까이에 사는 아파트 주민이라면 어느 정도는 참고 이해해줄 수 있어야 한다. 예전에는 아이들이 골목에서 온종일 놀아도 좀 조용히 놀라고 타이르는 정도가 대부분이었다. 시끄러우니 여기서 놀지 말고 딴 데 가서 놀라고 호통 치는 어른은 거의 없었다. 그런데 요즘은 이런 상식이 통하지 않는다. 공동체 의식이 약하기 때문이다.

요즘 우리 사회의 가장 큰 화두 중 하나가 공동체이다. 지자체마다 너도 나도 마을을 이야기하고, 공동체의 복원을 이야기한다. 그렇다면 공동체의 복원을 위해 지금 우리에게 필요한 것은 무엇일까? 나는 놀이가 하나의 답이 될 수 있다고 생각한다. 놀이가 가진 마법 같은 힘을 믿기 때문이다.

나와 너, 우리를 이어주는
신비한 연결고리

나는 경기도에 있는 빌라 촌에 살고 있다. 총 여섯 동으로 이루어진 작은 빌라 촌인데, 그중에 내가 살고 있는 104동은 주민들끼리 유난히 사이가 좋다. 일년에 서너 번은 단합대회를 할 정도

다. 그런데 우리 동처럼 사이좋은 이웃 간에도 아이들 놀이터 문제가 갈등을 일으키는 불씨가 된 적이 있다.

〈(사)놀이하는사람들〉에서는 일정 기간마다 일산 호수공원에 그려놓은 놀이길 보수 작업을 한다. 놀이판은 원래 흙땅에 그리던 것인데 도시화로 아스팔트길이 많아져 도로용 페인트로 놀이길을 그리다 보니, 시간이 지나면 페인트 칠이 희미해져 가끔씩 놀이길을 다시 칠해야 하는 번거로움을 감수할 수밖에 없다.

하루는 작업을 마치고 보니 페인트가 좀 남았다. 그걸로 내가 사는 빌라 주차장의 여유 공간에 망줍기 놀이판 두 개를 그리면 좋겠다는 생각이 들었다. 우리 빌라에는 아이들을 위한 놀이터가 없기 때문이다. 같은 동 1층에 사는 여자아이는 내 의견을 듣더니 흥분하며 좋아했다. 동 대표이자 총무를 맡고 있는 분을 찾아가 의견을 물으니, 그 분은 다른 동 주민들이 불만을 제기할 우려가 있다고 하면서 우리 동 앞에 있는 주차장에만 그리는 게 어떻겠느냐고 제안했다.

104동에 살고 있는 일곱 가구를 찾아다니며 의견을 구했다. 다섯 가구는 흔쾌히 동의해주었는데, 두 가구에 사는 형님우리 동에서는 나이 드신 어르신들을 형님이라는 호칭으로 부른다들이 반대했다. 거동이 편치 않아 온종일 집에서 지내시는 분들인데, 동 앞에 놀이판이 생기면 아이들이 몰려와 시끄러워져서 싫다고 하셨다. 너도 내 나이가 되어보면 이해하게 될 거라고, 몸이 아프고 힘들 때는 아이들 노는 소리조차 너무 힘들다는 말

씀도 덧붙이셨다.

　너무나 아쉬웠지만 만장일치가 되지 않으면 놀이판을 그리지 않기로 결심했던 터라 나는 깨끗이 포기했다. 1층에 사는 여자아이에게도 내 결심을 전했다.

　며칠 후 동 단합대회가 열렸다. 단합대회라고 해서 뭘 특별히 하는 건 아니다. 그냥 모여서 논다. 주차장에서 차를 모두 뺀 다음, 주민 열댓 명이 그 자리에 모여 앉았다. 1층에 사는 분은 캠핑 마니아인데, 동 단합대회를 한다고 하니 자신의 차 안에서 캠핑 도구를 꺼내왔다. 그걸로 주민들이 다 함께 고기를 구워먹으며 밤늦도록 이야기를 나누었다. 집으로 들어가던 20대 청년들과 청소년들도 고기 한 점 얻어먹으려고 발길을 멈추었다. 덕분에 그동안 제대로 인사를 나눈 적 없던 아들딸들끼리 통성명을 하고 이야기도 나누었다.

　단합대회의 분위기가 무르익어갈 때쯤, 놀이판 그리는 걸 반대하셨던 형님이 1층에 사는 여자아이와 나를 부르셨다.

　"네가 정 원한다면 놀이판, 그거 그려라."

　"네? 아니에요. 안 그려도 괜찮아요."

　"네 맘 다 안다. 대신 나랑 약속하자. 저녁 7시 이후에는 아이들이 놀이판에서 놀지 않게 해주겠다고 말이다. 약속한 거다."

　"형님이 반대하시면 안 그리려고 했는데…. 허락해주셔서 감사합니다, 정말 감사합니다."

나는 형님의 손을 꼭 잡고 거듭해서 감사하다고 말했다. 어찌나 감격스럽던지 눈물이 다 나려고 했다. 그런 나를 보고 형님이 웃으면서 한마디 했다.

"네가 페인트까지 갖고 와서 부탁하는데 어떻게 반대하니. 약속만 잘 지켜, 알았지?"

다음날 당장 호수공원에서 가져온 페인트를 들고 나와 작업을 시작했다. 1층에 사는 이웃과 그 여자아이도 함께했다. 우리는 8방 망줍기와 빌목지 사방치기 놀이판을 그린 다음, 그 옆에 예쁜 그림도 함께 그려넣었다. 3시간 동안 정신없이 그리고 나서 보니, 약간은 촌스럽지만 정감 있는 놀이길 두 개가 완성되었다.

이후 형님이 우려하는 일은 일어나지 않았다. 놀이길을 보고 좋아라 하던 아이들이 막상 모여서 노는 날이 많지 않았기 때문이다. 학원에 다니느라 놀 틈이 없다고 했다. 그저 가끔씩 시간이 날 때 아이들은 모여서 놀았다. 그것으로도 나는 만족했다.

공동체에 속해 있으면 자유로운 혼자일 때보다 골치 아픈 일도 많고, 갈등을 겪을 일도 많다. 서로 연결되어있으면 서로에게 치러야 할 관계의 대가도 그만큼 크다. 하지만 사람이 모여 관계를 맺고 뭔가를 함께한다는 것은 단순한 행위가 아니다.

사람이 서로 얼굴을 맞대고 서로의 눈을 마주보며 몸으로 부

딪치고 감정으로 부딪치다 보면, 나와 너, 우리라는 연결고리가 생
겨난다. 이 연결고리를 굳건히 하는 데 놀이만큼 좋은 게 없다.

놀이에는 관계를 맺어주는 속성이 있다. 또한 갈등을 유발하는
동시에 치유하는 속성도 있다. 그래서 놀이는 사람과 사람을 이어주
는 신비한 연결고리가 된다. 너와 내가 모여서 놀다 보면 우리가 되
고, 팀이 되고, 모두가 공동체로 엮이게 된다. 팀을 이루어 놀이를 하
다 보면 공동운명체로서 함께 목표를 수행해야 한다. 그 과정에 함께
울고 웃는 재미까지 더해지니 공동체를 복원하는 일에 놀이만큼 좋
은 게 또 있을까?

나는 죽을 때까지 신나게 놀면서 살고 싶다. 열심히 놀면서 너
와 내가 우리가 되는 경험을 하고 싶다. 자유로운 혼자보다 복닥대는
우리가 나는 좋다. 그래서 나는 놀이가 좋다.

컴퓨터 게임보다 더 재밌는
놀이가 있는 줄 몰랐어요

교육부가 영어 조기교육 금지 정책
을 발표하여 사회적 논란을 불러일으켰던 때의 일이다. 운전하면서
라디오를 듣다가 어느 영어교육과 교수와 유치원 원장이 교육부의

방침에 대해 인터뷰하는 걸 듣게 되었다. 영어교육과 교수는 교육부와 입장을 같이 했다. 유치원 원장은 요즘은 아이들에게 영어를 공부로 시키지 않기 때문에 정부가 우려하는 문제는 일어나지 않을 거라고 주장했다. 영어를 놀이로 가르치기 때문에 아이들이 자연스럽게 영어와 친해질 수 있다는 장점은 있되, 학습 스트레스는 거의 받지 않는다는 것이다. 그 말을 듣는 순간 이런 생각이 들었다. 영어를 놀이로 배우면 그게 정말 놀이일까?

수학놀이, 과학놀이, 체육놀이 등 학습에 놀이를 접목한 교육이 생겨난 게 어제 오늘의 일은 아니다. 최근에는 학교에서도 교과 과정을 놀이와 접목해서 가르치고 있으며, 이와 관련한 교사 연수도 인기를 끌고 있다. '놀이를 하면 어떤 교육 효과가 있다더라.' 하는 말에 혹해서 아이에게 돈을 내고 따로 놀이를 시키는 부모도 많다.

이 현상 자체를 문제 삼고 싶은 마음은 없다. 아이가 좋아하기만 한다면 굳이 하지 못하게 말려야 할 이유는 없다. 다만 내가 우려하는 건 '진짜 놀이'가 실종되는 현실이다.

놀이는 교육이 아니다. 그냥 놀이일 뿐이다. 그런데도 아이들이 진정으로 경험해야 할 '진짜 놀이'의 자리를 놀이라는 이름을 표방한 학습이 대신하고 있다.

아이들은 놀게 놔두면 스스로 알아서 논다. 텅 빈 공터에 아이들을 데려가면, 처음에는 시시해하며 여기저기를 배회하지만 결국에는 어떤 식으로든 놀 거리를 찾아내고야 만다. 땅바닥에 버려진 나무 작대기를 주워와서 땅을 파기도 하고, 그걸로 친구와 칼싸움을 하기도 한다. 돌멩이를 한 발로 밟고 올라가 간신히 몸의 균형을 잡으면서 "야, 나 좀 봐라, 난 이렇게 할 수 있다." 하고 친구에게 자랑도 한다. 그러면 다른 아이가 "나도 해볼래." 하고 덤벼들면서 놀이가 시작된다. 다음에는 조금 더 큰 돌멩이를 찾아 두 아이가 누가 더 잘하나 대결을 펼칠 수도 있다.

진짜 놀이란 이처럼 아이 스스로 선택하고 주도하는 놀이를 말한다. 놀이는 그래야 재미가 나고 신이 난다. 아이들은 즐거우니까 놀이를 하고, 도전을 하고, 모험을 한다. 즐거우니까 놀다가 갈등이 생겨도 쉽게 풀고, 타인을 배려하는 법도 배운다.

하지만 놀이에 특별한 목적이 있다면 문제가 달라진다. 놀이를 통해 뭔가를 주입하려고 하면, 아이는 그저 이끄는 대로만 따라간다. 놀이를 주도할 수 없으니 흥미를 잃고 따라가는 걸로 만족한다. 이런 상황이 반복되면 놀 기회가 주어져도 아이는 그 시간을 어떻게 즐겨야 할지 모르게 된다.

실제로 놀이 수업을 해보면 요즘은 간단한 놀이를 하는데도 "전 안 돼요." "힘들어서 못 하겠어요."라고 하는 아이들이 갈수록 늘고 있다. 마음대로 놀라고 하면, "뭐 하고 놀아요?"라고 되묻는 아이들도 많다. 스스로 놀이를 즐기지 못하다 보니 요즘 아이들은 집에서 혼자 논다. TV를 보거나, 컴퓨터와 스마트폰 게임을 하면서 그게 재미있는 놀이라고 생각한다. 아이들의 세포가 점점 디지털 놀이에 집중된다. 가만히 앉아서 디지털의 세계 안에서 부수고 때리는 놀이만 하다 보니 언제부턴가 놀 수 있는 기회가 주어져도 어떻게 놀아야 하는지 모르는 아이들이 많아지고 있다.

놀이 수업이 끝난 뒤에 아이들에게 놀이 일지를 쓰게 한 적이 있다. 그때 어느 중학생 아이가 이런 소감을 남겼다.

"컴퓨터 게임보다 더 재미있는 놀이가 있다는 걸 오늘 처음 알았어요."

그 글귀를 발견했을 때 나는 '이걸 스스로 느꼈다니 대견하구나.' 하는 생각이 들면서도, 동시에 '요즘 아이들이 정말로 노는 방법을 몰라서 컴퓨터 게임만 하고 스마트폰 게임만 했구나.'라는 걸 절감했다. 내가 하고 있는 일에 대한 사명감이 더 강해졌다.

놀이는 어디까지나 놀이여야 한다. 수 개념 하나를 더 배우고 과학 원리를 하나를 더 이해하는 건 진짜 놀이가 아니다. 놀이를 학습의 도구로 이용하면, 처음에는 아이가 의식하지 못하더라도 결국 그걸 놀이로 받아들이지 않게 된다. 놀이를 통해 과제를 요구하고

결과를 얻으려고 신경 쓰면, 아이는 놀이를 노는 일로 받아들이지
않고 과제로 받아들인다.

사회성, 인지능력, 자존감과 같은 놀이의 교육적 효과는 진정한
놀이를 통해 자연스럽게 얻어지는 부수적인 효과일 뿐, 누가 강요하
거나 교육을 통해 주입하려고 해서 얻어지는 게 아니다. 굳이 놀이를
학습의 도구로 활용하지 않아도, 아이들은 스스로 자신에게 필요한
것을 배워나간다.

놀이는 교육이 아니다. 그러므로 아이들이 놀고 싶을 때 아이들
이 원하는 놀이를 할 수 있게 해줘야 한다. 그게 아이들의 가장 자연
스러운 삶이다.

놀이로 이루어지는
평등 세상

놀이에서는 일상 권력의 재배치가 일어난다. 선생님과 학생, 그리고 어른과 아이라는 권력관계가 우정의 관계로 재배치된다. 아이들은 가끔 내게 묻는다. "얼씨구는 몇 살이에요?" 그러면 나는 "응, 난 10살이야." 하고 능청맞게 응수한다. 이 말은 비록 내가 너희보다 하늘만큼 땅만큼 나이가 많은 어른이지만, 적어도 놀이할 때만큼은 동등하게 '난 너의 친구야.'라는 뜻이다. 내 대답을 들은 아이들은 고개를 갸우뚱하다가 "흰머리가 있는 걸 보면 10살은 아닌 것 같은데." 하고는 풋 하고 웃는다. 놀 때만큼은 나도 아이가 된다. 놀이를 할 때 우리는 평등하다.

놀이의 규칙을 잘 살펴보면, 모든 놀이는 평등에 기반하고 있다는 걸 알 수 있다. 팀을 나누는 놀이에서 특히 그렇다. 부모가 잘살고 못살고에 관계없이, 그리고 내가 공부를 잘하건 못하건, 힘이 세건 약하건, 인기가 있건 없건 상관없이 놀이의 규칙은 누구에게나 공평하게 적용된다. 그래서 놀이 안에서는 모든 아이가 평등하다. 이처럼 놀이에는 평등하고 민주적인 속성이 존재한다.

이같은 놀이는 우리 사회에서 공공의 영역으로 자리 잡아야 한다. 그래야 놀이의 양극화 현상을 막을 수 있다. 그 방법이 그리 어려운 것도 아니다. 학교와 마을 공동체의 네크워크를 활용한다면 놀이를 공공재로 만드는 것이 얼마든지 가능한 일이라고 생각한다.

아이들이 놀 공간은 어떻게 확보해야 할까? 당장은 학교 운동장이 대안이 될 수 있다고 본다. 최근 많은 학교가 방과 후에 학교 운동장을 폐쇄하고 있다. 흉흉한 사건·사고가 많다 보니, 학교 입장에서도 어쩔 수 없는 선택일 것이다. 하지만 이 문제는 아이들이 안전하게 놀 수 있도록 돕는 인력을 배치함으로써 해결할 수 있다.

가장 좋은 방법은 마을 공동체 안에 있는 유휴 인력을 활용하는 것이다. 최근에는 많은 부모가 직접 놀이를 배워 학교에서, 동네 놀이터에서, 공원에서 아이들과 놀이를 하고 있다. 아직은 그 수가 적지만, 이미 전국의 여러 학교에서 많은 학부모가 놀이 동아리를 꾸려 아이들과 놀이를 하고 있다.

내가 사는 고양시에도 학부모 놀이 동아리가 만들어졌다. 참교육학부모회에서는 '와글와글'이라는 학부모 놀이 동아리를 만들어 아이들에게 놀이이모 역할을 해주고 있다. 그밖에도 자신의 재능과 남는 시간을 활용하여 수업 시간에, 방과 후에 아이들과 놀이를 하는 부모들이 늘고 있다.

고양시 덕양구에 있는 어느 학교에서는 학부모 놀이 동아리가 매일 아침 아이들과 놀이를 한다. 이 학교에는 한부모 가정, 조손 가정, 맞벌이 가정 아이들이 많아서 아침 8시가 채 되기도 전에 학교에 등교하는 아이들이 많은 편이다. 바로 이 아이들을 운동장에 불러 모아놓고 교사가 출근하기 전까지 아이들과 신나게 놀아주는 일을 학부모 놀이 동아리가 자원하여 시작한 것이다. 교사와 학부모가 협력하여 마을 공동체를 이루어가는 훈훈한 사례이다.

이 학부모 놀이 동아리는 직접 동네를 찾아다니며 동네 아이들과 놀아주는 사업도 펼치고 있다. 빌라로, 아파트로, 학교로 직접 찾아가는 형식이다. 지난 여름에는 30-40명의 아이들과 함께 놀이를 하기로 했는데, 마땅한 장소를 찾을 수 없어서 고민하다가 다 함께 학교 운동장에 모여 물총놀이를 하기도 했다.

이런 사례를 보더라도, 학부모들이 자원하여 펼치는 놀이 활동을 지속하게 하려면 반드시 학교 운동장을 열어야 한다. 지역 내 학부모 놀이 동아리와 협력하면 아이들의 안전 문제에 대한 부담도 줄이면서, 방과 후에 학교 운동장을 아이들의 제2 놀이터로 만들 수 있다.

학교와 교사도 변화해야 한다. 특히 교사는 놀이에 대해 잘 알아야 하며, 스스로가 잘 놀 줄 알아야 한다. 그러려면 교육대학과 사범대학에서 놀이를 필수과목으로 지정해야 한다. 초등교과서가 6, 7차 개정을 거치면서 교과서에 놀이가 상당히 많은 실리게 되었지만, 그 놀이를 잘 아는 교사는 그리 많지 않다.

그런데도 사범대학과 교육대학 커리큘럼에는 놀이가 없다. 그나마 단 한 군데, 경인교대 교수님이 놀이에 대한 애정으로 단 한 차시를 배정하고 있을 뿐이다. 그 세 시간으로는 교과서에 나오는 그 수

많은 놀이를 습득하고 이해하기 어렵다.

　또한 아이들의 눈높이에 맞는 재미있는 놀이 수업 자료도 많이 만들어야 한다. 중요한 것은 그 과정에 교사만 참여할 것이 아니라, 여러 분야의 전문가들이 함께 모여 머리를 맞대야 한다는 것이다. 놀이는 살아 숨 쉬는 생물이다. 학문적인 연구만으로는 놀이가 만들어지지 않으며, 무엇보다 학자들이 앉아서 만드는 프로그램은 한계가 있게 마련이다.

마지막으로 놀 시간을 어떻게 확보할 것이냐의 문제가 남았다. 이 문제는 과도한 경쟁과 입시 위주의 교육 현실을 변화시키는 데서 답을 찾아야 한다. 그러기 위해서는 정부와 교육 관계자들의 고민과 올바른 정책이 당연히 따라야 할 것이다.

여기에 더해, 나는 정부와 교육 관계자 및 전문가들의 노력 못지 않게 부모의 인식도 변화할 필요가 있다고 본다. 나는 평소에 부모들에게 옆 집 아이가 어디 학원을 다니고, 뭘 배운다는 말만 듣고 불안해하며 아이에게 억지로 공부시키지 말기를 당부하곤 한다. 놀이 안에는 지식보다 더 큰 지혜를 배우는 성장의 해답이 있다. 때가 되면 아이는 자신에게 필요한 지식을 습득하려는 의지를 스스로 갖게 마련이다. 공부는 그때 가서 해도 늦지 않다.

적어도 열세 살까지는 아이들을 잘 놀게 해줘야 한다고 본다. 그래야 아이가 잘 큰다. 이건 나의 경험담이다. 나는 워킹맘이었지만 아이들을 학원으로 돌리지 않았다. 대신 아이들과 함께 집에서 놀았다. 학원은 아이가 조르면 그때서야 보내줬다. 딸 아이가 고3 때 "엄마는 왜 다른 엄마들처럼 입시정보를 알아보러 다녀주지 않아?" 하고 물었을 때도 나는 "네 인생인데, 왜 내가 알아보니."라고만 대답했다. 그러면 딸은 자신에게 필요한 정보를 스스로 알아보고, 대학과 전공 과를 스스로 선택하고, 그 결과도 스스로 책임졌다. 약간 시크하게 아이를 키우는 것도 나쁘지 않았다.

아이들이 스스로 무언가를 해내는 시간, 그 시간을 최대화해 주면 아이들 스스로 자기주도적이고 창의적으로 커 나갈 수 있다고 나는 확신한다. 21세기형 인재는 그런 사람이라고 믿고 있다.

놀이의 중요성과 아이들의 놀 권리에 대한 인식이 과거에 비해 많이 변화했다고는 하지만, 우리 사회의 놀이문화는 여전히 크게 달라진 게 없다. 문제는 의지와 결단이다. 우리 주변 아주 가까이에, 바로 내가 사는 마을공동체와 학교에 해결의 실마리가 있는데도 그걸 활용하지 않는다면 그게 무슨 소용이란 말인가.

지금부터라도 학교에서는 선생님이 아이들과 놀이를 하고, 방과 후 학교 운동장에서는 학부모 놀이 동아리가 아이들과 놀이를 하며, 동네에서는 마을 어른들과 아이들이 함께 뛰어노는 공동체를 만들어나가야 한다. 그렇게 된다면 우리 아이들에게 잃어버린 놀이를 되찾아주는 일이 그리 어렵지만은 않을 것이다.

또한 지금 전국 곳곳에서 시도하고 있는 학교와 마을 네트워크 간의 협력을 보다 더 다양한 방식으로 실험해보기를 바란다. 그러면 아이들이 노는 소리가 크게 울려 퍼지는 세상이 그리 먼 미래의 일만은 아닐 것 같다.

 마치며

곰곰이 생각해보면 어린 시절에 했던 놀이는 성인이 되어서 일을 하는 데 필요한 삶의 기술을 미리 경험하고 배우는 일종의 연습이었다. 어른이 되어 뭔가를 하기 위해서는 관계 맺기가 필수인데, 놀이 속에는 관계를 맺고 소통하는 방법, 상대와 공감하는 기술이 숨어있기 때문이다.

그렇다면 어른이 되고 나서는 이런 기술을 더 이상 익히고 키울 필요가 없는 걸까? 그렇지 않다. 오히려 더 많이 필요하다. 싸워도 금방 풀리는 아이들과 달리, 어른들은 싸우면 그 앙금이 몇 날 정도가 아니라 몇 달을 가기도 한다. 서로 놀지 않아서 그렇다. 놀이성을 잃어버리고, 추억을 문을 닫아놓았기 때문이다.

내가 좋아하는 인형극이 있다. 프랑스 인형극의 대가, 비쥬얼 아트의 거장, 심상의 마술사로 통하는 필립 쟝띠Philippe Genty가 제작한 《Brilliant and Moving Puppet Theatre》라는 작품이다.

막이 오르면 잔잔한 음악이 흐르고 줄인형이 무심하게 무대 위를 걷는다. 그러다 문득 누군가가 자신을 따라오고 있다는 걸 느낀다. 그 발길의 주인공을 발견한 줄인형은 자신이 결국 조정당하는 인형뿐인 존재임을 자각한다. 인형은 줄을 끊는다. 필립 쟝띠가 한 번 손을 내밀며 줄을 다시 줄까 하고 묻지만 고개를 젓는다. 결국 줄인형은 스스로 줄을 끊고 조정되는 삶을 쓰러지면서 마감한다.

참으로 놀라운 작품이었다. 무릎을 쳤다. 날 깨어나게 하는 작품이었다. 아이들이 보는 그림책도 마찬가지다. 깨우침을 주는 그림책이 시나 소설 못지않게 많이 있다. 그림책이건, 인형극이건, 놀이건 아이들이 향유하는 것이 많지만, 그렇다고 해서 그것이 아이들만의 전유물은 아니다. 어른을 위한 그림책과 인형극이 따로 있을 수 있다. 놀이도 편의상 연령대를 분류할 수 있겠지만, 어른을 위한 놀이와 아이들을 위한 놀이가 특별히 크게 다르지 않다. 특히 놀이는 연령을 초월하기 때문에 어떤 놀이든 할아버지와 할머니, 아빠와 엄마가 다 함께 즐기며 놀 수 있다.

본질적으로 놀이에는 모든 세대를 아우르는 마법 같은 힘이 있다. 0세부터 100세까지 전 세대가 공감할 수 있는 것이 놀이다. 그래서 나는 어른들, 특히 부모들에게 놀이를 하라고 권하고 싶다.

지금의 30대 엄마들도 많이 놀지 못하고 자란 세대들이다. 그러다 보니 아이들에게 놀이가 어떤 의미이고, 얼마나 중요한지 체감하지 못할 수 있다. 아이들이 "뭘 하고 놀아요?"라고 물어올 때 어떻게 놀 아줘야 하는지 모를 수도 있다.

어떻게 아이들과 자유롭게 놀아줘야 하는지 모르는 부모라면 놀이 하는 방법을 배울 필요도 있다. 건강한 놀이가 무엇인지, 아이들을 놀 수 있게 하는 방법이 무엇인지 배우기도 해야 한다.

내가 이렇게 주장하면 혹자는 배워서 하는 놀이는 가짜 놀이라고 주장할 수도 있다. 아이들이 자발적으로 하는 놀이가 진짜 놀이라는 것이다. 나도 그 의견에 동의한다. 그러나 오랜 세대에 걸쳐 즐겨왔던 건강하고 다양한 놀이를 아이들에게 알려주고 그 방법을 안내해주기 위한 놀이라면, 그 결과 아이들 스스로가 재미있어서 그 놀이를 선택 해서 논다면, 이런 경우는 가짜놀이가 아니라고 본다.

또한 우리 사회의 놀이문화가 너무나도 척박하기에 이제는 놀이를 하는 데도 연습이 필요하다. 아이들이 스마트폰으로 게임을 하며 혼자 노는 이유는 다른 걸 하며 놀 줄 모르기 때문이다. 아이들의 세포가 미디어 놀이에 너무나 집중된 나머지, 다른 놀이가 게임만큼 재미있지가 않아서다. 놀 줄 모르고, 타인과 어울리지 못하는 아이들도 연습하다 보면 잘 논다. 놀이도 연습이 필요하다.

건강한 놀이를 안내해주는 어른이 많아야 한다. 동네놀이가 사라진 지금, 아이들에게 잃어버린 놀이를 되찾아주는 건 어른들이 해야 할 몫이다. 더 나아가 아이들과 그저 놀아주기만 하는 게 아니라, 엄마와 아빠 스스로도 즐기며 놀 줄 알아야 한다. 그것이야말로 진정으로 엄마·아빠와 아이가 다 함께 행복해지는 길이다.

놀이판에서 보면 아이들의 다양한 성향이 보인다. 누구 하나 비슷한 아이가 없다. 모두 세상에 단 하나밖에 없는 특별한 아이들이다. 함께 어울려 놀면서 아이들은 서로 싸우기도 하고, 놀리기도 하고, 울기도 하고, 다치기도 한다. 똑같은 상처에 벌떡 일어나는 아이도 있고, 울고 상처받는 아이도 있다. 나는 그 모습에서 건강하고 행복한 아이들의 미래를 보고, 우리 사회의 희망을 본다.

　내가 글을 쓸 수 있도록 20년간 나와 함께 놀아준 수많은 아이들에게 고마움을 전한다. 맑고 아름다운 아이들이 이 세상에서 밝고 행복한 주인공으로 살아갈 수 있도록 나는 놀이를 통해 어울림의 한판 굿을 벌이고 싶다. 내 체력이 닿는 그날까지!